Masakatsu Sano
佐野正勝

宇宙のビッグバンを創造

「素人の無限宇宙論」創造仮説

宇宙船マーチャン号が無限宇宙の旅に出る!

文芸社

まえがき

●僕が約三十四年前に考えた無限宇宙を基本に書きました!

「僕は今まで、一度も天体望遠鏡を見たことがないのです。そして、どの辺が白鳥座かもわかりません。だから、そのようなことを知りたい方は、専門家にお聞きください」これは僕が昭和四十四年頃、宇宙食として研究していたクロレラ食品のセールスマンをしていた時、喫茶店に入りまして、少年ジャンプだったか、マガジンだったか忘れましたが、三ページぐらいに月の質量の五分の一ぐらいの宇宙のブラックホール（BH）が、地球に衝突して、地球の反対に穴を開けて、宇宙へ飛んで行ったという記事を見て、宇宙への神秘に感動しました。そして、半年過ぎた頃、**「自分で考えることで一番のエネルギーは何だろう?」**と思った時、**頭に浮かんだのが、「直径一ミリ以下で、質量が太陽の九千兆の九千兆乗倍あるブラックホール同士が秒速九千兆キロメートルで自転しながら、秒速九千兆キロメートルで衝突して、超大爆発をすれば」**、いかなる銀河が誕生するだろうと思いまして、**「これが、僕の考えることができる一番のエネルギーだ!」と思いましたが**、現実には、**これ程超巨大化する前に、たえず衝突が繰り返されるから、**無限宇宙では、太陽の四千垓（一垓は一の二十乗）倍ぐらいのBHは、たくさんあるでしょうが、太陽の一千無量大数（一無量大数は十の六十八乗）倍ぐらいの超超巨大BHでも、一千無量大数の一無量大数乗光年内なら、一万個ぐらい有る場所には有ると思うし、また、これ程の超広大宇宙の中にも、一個も見当たらない場所もあるでしょう。このようなことを想像しまして、このようにして**「宇宙は出来た**

のだ」と思いまして、「素人の宇宙論」があっても良いんじゃないかと思い、今より八年前に本を書いてみようかと決心したのですが、なんせ、超筆不精の為、一九九三年末から書きだしたのですが、たいへん年月がかかりました。

※《もしブラックホール（ＢＨ）がすべての物質を吸い込んで、質量が増えるばかりで、ＢＨ同士が衝突して、大爆発をして、星や銀河を誕生させなければ、無限年の年月が過ぎてきた今日、超広大宇宙には、超巨大質量のＢＨしか存在せず、今こうして地球があり、太陽があり、たくさんの星々が誕生しているわけがないと思いました》

※《超巨大ＢＨ同士が互いに引き合ったら光のスピードになる前にＢＨの廻りを回っている星達は引き離され直径一ミリ以下（一ミリの一溝分の一ぐらい）のＢＨだけになり、九九・九九％の確率で衝突します》。

太陽の質量の一千無量大数倍同士のＢＨの引力は凄まじく一千億光年頃から引き合うのですが、衝突より九万年前になると秒速三万キロメートルぐらいのスピードになるとＢＨの廻りを回っていた大小の星々（〇〜七無量大数個）は引き離され、他の星々の引力の影響を受けず、ドンドンスピードを上げていき、光の一千倍ぐらいのスピードでａＢＨの＋極とｂＢＨの－極が磁石が引き合うような感じで衝突して、大爆発をして圧縮引力未元素質量核融合反応を十〜二百億年した後、超巨大ＢＨが今まで飲み込んだ星やガスなどすべての物質が元の物質に戻っていきます。

西暦二〇〇二年二月九日

【目　次】

目　次

目次

本文イラスト＝花亀美香／柴田布由子／深津邦子／伊藤久美子
西井美保／後藤律子／鈴木ユージ／愛原正人

※数（塵劫記参考）

一　いち
万　まん　（十の　四乗）
億　おく　（十の　八乗）
兆　ちょう（十の一二乗）
京　けい　（十の一六乗）
垓　がい　（十の二十乗）
秭　し　　（十の二四乗）
穣　じょう（十の二八乗）
溝　こう　（十の三二乗）
澗　かん　（十の三六乗）
正　せい　（十の四十乗）
載　さい　（十の四四乗）
極　ごく　（十の四八乗）
恒河沙　ごうがしゃ（十の五二乗）
阿僧祇　あそうぎ　（十の五六乗）

那由他　なゆた　（十の六十乗）
不可思議　ふかしぎ　（十の六二乗）
無量大数　むりょうたいすう　（十の六八乗）

ブラックホール（ＢＨ）
圧縮引力未元素質量（ＡＭＳ／圧縮中性子含む）

第一章——宇宙のビッグバン

超巨大ブラックホール同士の衝突・大爆発
これが宇宙のビッグバンだ★

第一章―宇宙のビッグバン

※「宇宙のビッグバン」では、銀河や星や、チリやガス、宇宙空間の元、星だったのが、風化して、無元素になったけど、超微量の質量だけになった物でも、超引力により、太陽の質量の数倍から一無量大数倍ぐらいのブラックホールが直径一ミリメートル以下になって、これらのブラックホール同士が衝突して、大爆発をして、その後、銀河や星が誕生するのです。無限光年に、このような爆発が毎秒何千兆の何千兆乗個以上も繰り返されていますが、人間の能力ではそれを証明することはできません。それでも宇宙は、はるかに空間が多いのです。宇宙は本当に超広大なのです。

※中心の巨大質量を持ったブラックホールが全体の星を振り回す。

天の川銀河は約二千億個の恒星や暗黒星雲や大、小のブラックホールが渦巻状に回転していますが、この星々を中心の巨大質量を持ったブラックホールが強力な引力で振り回しているのだと思います。そして、約二千億個の銀河も引力の影響を受けていますし、また、一千億光年先の巨大ブラックホールや三兆光年先の超巨大ブラックホールの引力にも影響を受けています。

●超巨大ブラックホール同士の衝突（これが宇宙のビッグバンだ）

無限宇宙でたくさんの星やチリや銀河を吸い込んでしまうBHがこれまた宇宙には、無限に存在します。そして、すべての星や銀河も動いていて、衝突を繰り返しているのです。**《地球から宇宙望遠鏡で見ますと約二千億個の銀河団が見えるそうですが、この中にも約百七十億年前に、太陽の約四十秭倍の**

質量を持ったＢＨ（直径一ミリ以下）と太陽の約九千垓倍の質量を持ったＢＨ同士が秒速約三千万キロメートルで衝突して、大爆発をして圧縮引力未元素質量核融合反応をしがてら宇宙空間に光の三百六十倍の速さで飛び散って引力の強い所に集まり、約二千億個の銀河や星が誕生したのだと思います。太陽も天の川銀河の中に入りますが、約二千個の光り輝いている星々がありますが、僕は衝突の時の双方の質量が違いすぎるのでビッグバンの時に、バラバラに宇宙空間に飛び散ったＢＨの質量の全体量は光り輝く恒星などの質量の約一千倍ぐらいあると思います。天の川銀河は衝突時点よりも他の銀河団よりも、かなり離れた場所にあるのでＢＨの質量は、恒星の百倍ぐらいあり、その全体の質量の九〇％は天の川の中心部分に集まっています。それは、ビッグバンの大爆発後でも言えることです。爆発時点の近くにＡＭＳ核融合反応が早く終わり原子核融合反応に移行せずにＢＨになったり、巨大質量のＢＨのまま宇宙空間に飛んでいった全体量の九〇％が爆発時点のそばに集まっているでしょう。だから、天の川銀河より光り輝く恒星の数は少なくとも、天の川銀河の何万倍の質量を持った銀河があると思います。そして、宇宙空間に飛び散ったＢＨ同士も衝突して星々が誕生します》。そして、無限年宇宙空間では、これらの超巨大質量を持ったＢＨが無限宇宙には無限にできています。だから、これらの超巨大ＢＨ同士もたえず衝突を繰り返しているのです。もちろん宇宙は広いですから、このような超巨大質量を持ったＢＨは、九千兆光年の宇宙を四方八方捜しても、一個も見つからない場合もまた無限にあるのです。無限宇宙にはＢＨ同士の衝突は、超巨大質量（太陽の質量の一千無量大数倍級）のＢＨ同士の衝突も無限倍あるでしょう。この超巨大質量のＢＨ同士の超引力で引き合うのと、超巨大質量のＢＨが秒速百億回転するので強力な電気が発生して、ａＢＨの＋極とｂＢＨの一極が強力に引き合って超強力磁石が引っ付こうとするので、一千億光年頃から引き合い、百万年光年頃からａ、ｂＢＨの廻りを回っている星々がスピードが増してくると外の引力の弱い星から離れていき、光の速さになった頃には太陽の質量の三無量大数個分も直径一ミリ以下のＢＨに付いてこれず離れていきます。そして、他の星の引力の影響をほとんど受けることもなく光の一千倍のスピードで衝突します。この衝突時の確率は九九・九九％です。そして、大爆発をしてＡＭＳ（圧縮引力・未元素・質量）核融合反応を起こして、たくさんの銀河や星が誕生します。そして、この一ミリのブラックホールの中に星の物質が何無量大数年以上も閉じ込められていたのが、土の分子や土の原子は、土の分子や土の原子として、約五十億年〜二百億年後に、今まで飲み込んだすべての物質や星々が蘇るのです。だから、無限宇宙の全体の物質は無限年前と今日も未来も変わることがなく、これからも、永遠にこの営みが繰り返されていきます。星々に住んでいる人間の数も無限人生活しておりますが、人間の能力では、ほんの近くの地球以外の星まで行って何億人が生活することができませんが、創造することはできるのです。◎［これが僕の考えた宇宙のビックバンです］※現在ＢＨが電磁波を出していることがわかっています。

第二章―ブラックホール同士の衝突時のエネルギー

BHの出来る順序

BHの衝突（図）

第二章――ブラックホール同士の衝突時のエネルギー

宇宙での最高のエネルギーと言えば、超巨大質量を持ったブラックホール同士の衝突時のエネルギーでしょう。太陽の一兆個分の質量もあるブラックホール（直径一ミリの百分の一）が秒速百キロメートルで衝突したエネルギーを九千兆としたら、太陽のエネルギーは、〇・〇〇〇〇〇〇〇一ぐらいでしょう。太陽とマッチの火ぐらいのエネルギーの差があります。

マッチの火（太陽）

（太陽）超巨大質量を持ったブラックホールの衝突時のエネルギー

●BHの出来る順序

※太陽の八個分の質量を持った恒星が、ＡＭＳ核融合反応を約百五十億年した後（表面は七十億年後に中性子核融合反応に変わる）、中性子核融合反応を約十億年して、原子・分子核融合反応によって五億

年後、表面から、昔飲み込んだ溶岩や土や岩や、すべての物質に変わり、今の地球のようになり、四百億年頃から、中心で収縮が始まり、原子や分子が破壊されて、直径一ミリ以下の中心に、どんどん吸い込まれていきます。そして、収縮するごとに、自転のスピードが速くなっていきます。百億年後には、直径一ミリ以下のＢＨになっていて、チリやガスや星を、他のＢＨと衝突するまでどんどん吸い込んで、質量が増えていきます。そして、中心のＢＨはどんどん質量が増えて引力が強くなるのに、直径はどんどん小さくなっていきます。

※ＢＨ同士が衝突して大爆発をして、銀河や星が誕生した後、約百六十億年後にＡＭＳ核融合反応を起こし、原子核融合反応に変わりますが、太陽の質量の約十倍以上あれば、引力が大きい中心部分から再びブラックホールになるので、表面が冷えて、元の原子や分子の土や岩や鉄や水素などになれません。そして、他の星に衝突するとか、他のＢＨに吸い込まれず、年月がたてば、表面も直径一ミリ以下のＢＨに吸い込まれてしまいます。また、他の星を吸い込みながら、他のＢＨと衝突するまで一万年もかかるＢＨもあるし、一無量大数年かかるのもありましょう。こうして何度も繰り返し、一千無量大数の一無量大数乗年の、そのまた……………………と無限年に！

●BHの衝突（図）

※中心のBHは質量が小さいので、原子が破壊するには年月がかかります。一万年後中心に！

◎宇宙空間の星が無元素になって
微少質量は直、中心のBHへ入る

◎中心のブラックホールの質量は太陽の四百倍

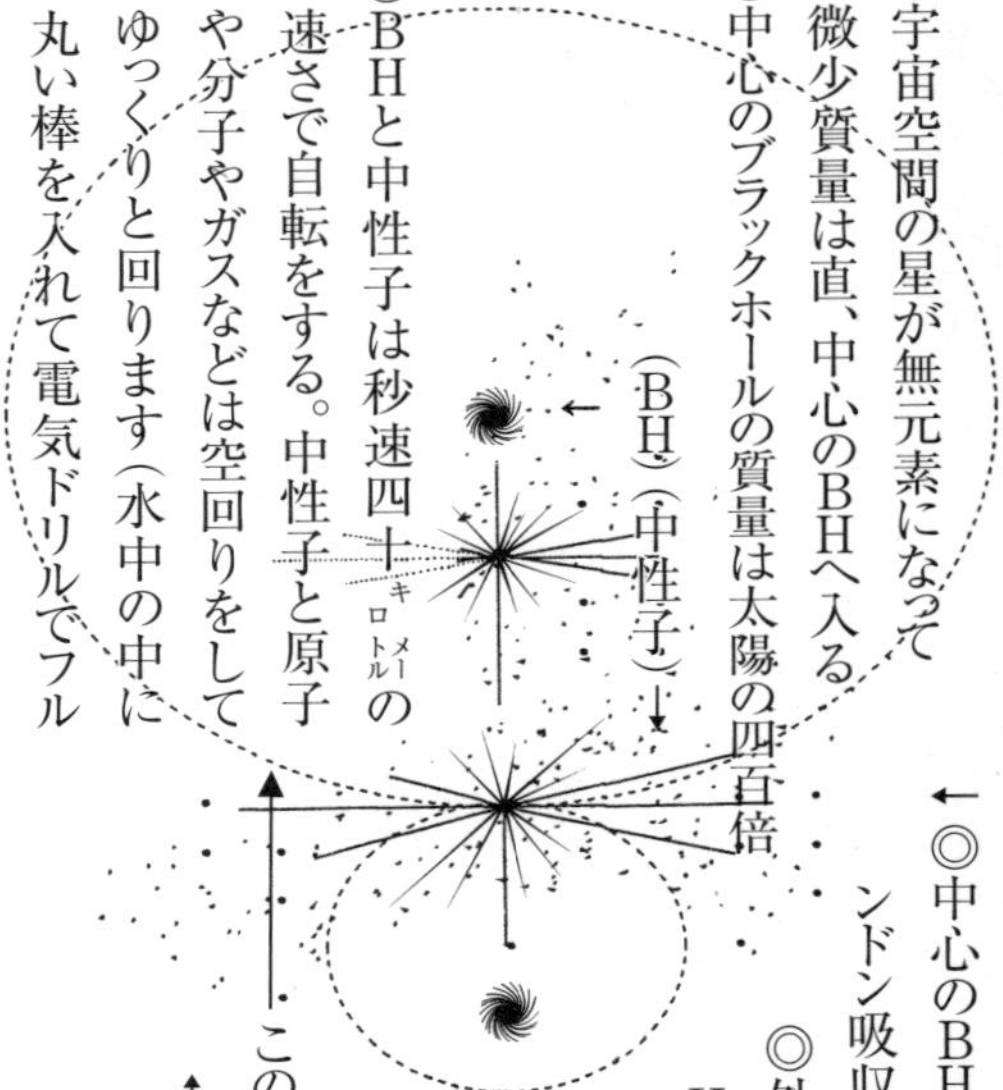

◎BHと中性子は秒速四十キロメートルの速さで自転をする。中性子と原子や分子やガスなどは空回りをしてゆっくりと回ります（水中の中に丸い棒を入れて電気ドリルでフル回転しますと水は空回りしてゆっくり動きません。引力圏内の外側程引力が働き速く自転をします）

※参考＝『最新宇宙論と天文学を楽しむ本』（PHP文庫）

←◎中心のBHが、微少質量や分解した星や分子や原子をドンドン吸収して、質量が増えていく

◎外の物体が衝突で大爆発し、その後、中心のBHが衝突し、大爆発する

◎衝突時のスピードは、秒速五十キロメートル。太陽の質量の二百倍のBH

銀河の中心は一ミリの約四十分の一

この場所でBHに付いた中性子が秒速五十万キロメートル

←この場所の原子と分子は秒速四十キロメートル（空回り）

引力圏内秒速二千キロメートル↓・（隕石やガス）

（圏内の物はいずれBHの中心に吸い込まれる）

第三章——宇宙はブラックホールだけにはならない

第三章――宇宙はブラックホールだけにはならない

ブラックホールが、星やチリやガスなど、すべての物質を吸い込むだけで、ブラックホール同士が衝突して、大爆発をして、銀河や星を誕生させなかったら、宇宙はブラックホールだけになっていた!

宇宙にあるすべての物質は、分子と、電子と原子核からなる原子などが、太陽の八倍ぐらいの引力によって、それらの元素が破壊され、ドンドン収縮していって、しまいに、直径一ミリ以下になるが、重力だけが残る。それがブラックホールだと思われますが、「無限宇宙」を信じている僕としては、色々な疑問が発生しました。それは、「この無限代の年月をブラックホールの衝突で、大爆発をしなければ、**今この太陽や、この地球を含む天の川銀河も誕生しなかった**」ということです。

なぜかと言いますと、九千兆の一兆乗のそのまた一兆乗のそのまた……年もの間、宇宙のすべての星や銀河を吸い込んできたブラックホールなら今、太陽の九千無量大数の一兆乗倍のブラックホールと言っても直径一ミリ以下ですが、その引力の強さは九千兆の一兆乗光年先の星や銀河でも吸い込んでしまうでしょうから、「**超広大宇宙には、超巨大なブラックホールがポツン、ポツンとしかないでしょう**」。だから、「**光っている星や銀河や恒星もないのだ**」と思いました。今こうして、人間が地球で生活ができるのは、「**たえず、広大宇宙で、ブラックホール同士が衝突し大爆発を繰り返してきたからです!**」

第四章——約二千億個の銀河が誕生する

太陽の四十秭倍のBHの生い立ち！

第四章――約二千億個の銀河が誕生する

※超巨大質量を持ったブラックホール（すべての物質を吸収中の）同士の衝突

◎摂氏マイナス百七十度で廻りの中性子を破壊して吸い込む

◎中心のBHの質量は太陽の四十秭倍

秒速約十兆回転

◎スピードが秒速約一千キロメートルまでは、外側の微少質量や、分子や原子を中心のBHが吸い込み、相手のBHと引き合ってからでも太陽の九千兆個分も質量が増える時もある

◎秒速三千万キロメートル（光の約百倍）のスピードで衝突

◎中心のBHの質量は太陽の九千垓倍

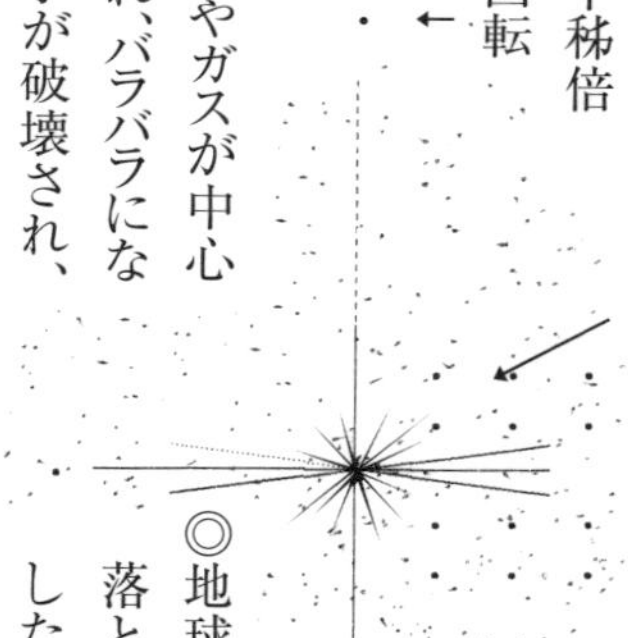

◎地球のように超軽の引力でも、消化器を十五階から落とせば四トンの威力になるとテレビで話していました。地球の中心まで穴が開いて落ちたとしたら！このBHに、光より速く落ちても不思議じゃないと思いました

◎宇宙空間の星やチリやガスが中心のBHに引き寄せられ、バラバラになった物や、分子や原子が破壊され、無元素になって中心の一ミリ以下のBHに吸い込まれていく

●太陽の四十秭倍のBHの生い立ち！

◎中心の直径一ミリ以下のBHに微少質量も、星がコナゴナの分子や原子も近づいて来た物はすべて、分子や原子を瞬時に破壊して、吸い込んでしまう。
◎このBHの引力は超引力なのですが、これだけ超巨大質量になるには一千無量大数年もかかりました。
◎太陽の六倍の質量のBHの時は、秒速五十キロメートルで自転をしていました。三兆年過ぎた頃、太陽質量（TS）の二千個分の星が崩壊して無元素になっていたが、超微少引力が大量にあったので、それを全部吸い込んだら太陽の五百個分増えていました。一京年の頃たくさんの暗黒星雲や隕石を十兆個分も飲み込んだこともあります。
◎この超巨大質量のBHは百兆個の星々を振り回していましたが太陽の九千垓倍の質量を持ったBHが、これからの衝突時より、五百億光年前に近づいた時から太陽の四十秭倍の質量の超引力に引っ張られるようになり、衝突時より百万光年に近づいた時にはスピードが出て銀河が付いて来れなくなり、双方のBHが十万光年に近づいた頃、双方のBHの+、−電極でも引き合い、BH同士が衝突して大爆発をして、秒速三千万キロメートル（光の百倍）の速さで、四方八方に飛び散りました。ビッグバンがあり、三十億光年の地点まで三億年で行き、銀河が出来て、百八十六億年光を出し続けたなら、この小宇宙は、ビッグバンは、百八十九億歳です。もし、光より遅く飛び散ったなら、地球に光が届かないので、光より速く飛んだと思った。

《ビッグバン》ボイドと呼ばれている所が僕は太陽の約一倍～三千垓倍の質量を持ったBHこの矢印地点で太陽の四十秭倍と九千垓（右約三十一秭倍・左約十秭倍かも）の質量を持ったブラックホールが秒速三千万キロメートル（光の約百倍）のスピードで衝突して大爆発をして四方八方に飛び散りました。

※蜂の巣状分布している銀河（……線内が超銀河団内です）

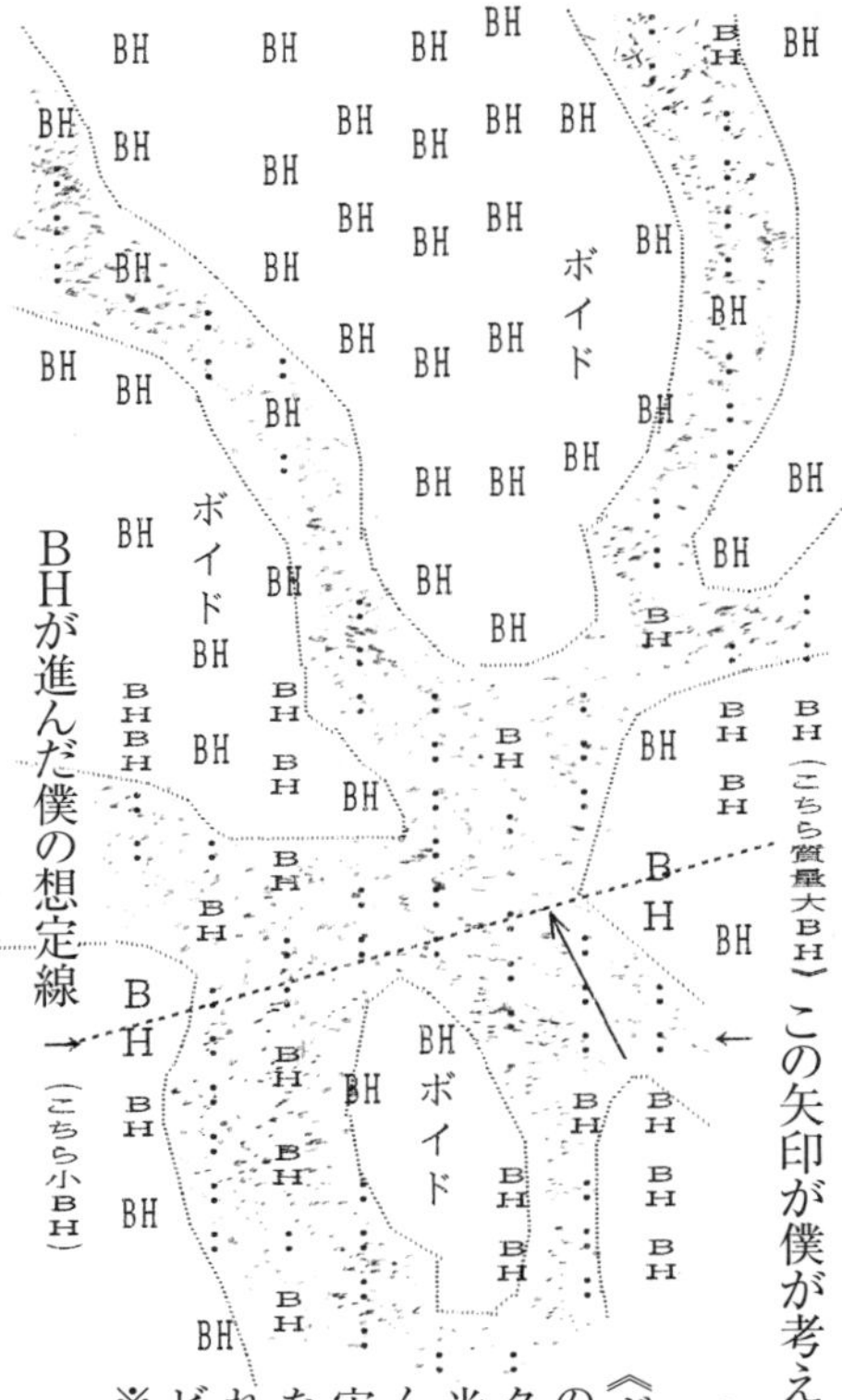

この矢印が僕が考えた地点です

《二〇〇三年三月九日作成》

《ボイド内の空間に太陽の質量の約一倍～三千垓クラスのブラックホールがたくさんありますが光り輝く恒星の中にもたくさんのがありますし、大爆発で宇宙空間に散らばったチリやガスなどもたくさんあります／これが正勝（マーちゃん）の宇宙ビッグバン論です）

※ボイドと呼ばれる空間があることが分かりました

※参考・佐藤監修『最新宇宙論と天文学を楽しむ本』（PHP文庫）

※参考・日米共同で進められているスローン・デジタル・スカイ・サーベイ（SDSS）計画

第五章――僕が考えることのできる一番のエネルギー

第五章――僕が考えることのできる一番のエネルギー

※超超巨大（太陽の九千無量大数《十の七十一乗》倍）質量を持ったブラックホール同士が秒速九千兆キロメートルで衝突し、超超大爆発した時のエネルギーです／この衝突で超大爆発して、太陽の一恒河沙思議（十の五十二乗）個の銀河が誕生します［僕は現実に有りえると思う］

・これ一個が太陽の質量の九千兆の一兆乗倍まで増えることはない。たえず衝突するからです

　‥↑この空間の距離は九千兆の一千兆乗光年です

‥↑この空間は七千無量大数の一百無量大数乗光年です

・↑超超引力台風のような自転をしていて、一番速い所で秒速九千兆キロメートルの自転をして、電動機のようになると思いました（テレビを見てBHに強力な電磁波が出ていることが分かりました）

・↑この超超巨大質量のブラックホールの直径は一ミリの一溝（十の三十二乗）分の一です

↑
←無限→
↓
宇宙は無限に続きます

マサカツの宇宙のビッグバン（図）仮説！

※超巨大ブラックホール同士が衝突し、大爆発を起こし、直径一ミリ以下だったBHがバラバラになり、圧縮引力未元素質量核融合反応を約百六十億年起こした後は、表面から、元の原子や分子に戻るのですが、中心辺りのAMSは引力が強い為に元の元素になれずに、再び直径一ミリ以下のBHになります。

※BHとBH同士の衝突は一ミリ以下同士といえども、磁石が引っ付くようなものです。

◎直径一ミリ以下で太陽の四十秭倍のBH同士が秒速三千万キロメートルで衝突すると大爆発し、

大、小二千億個の銀河が

誕生する

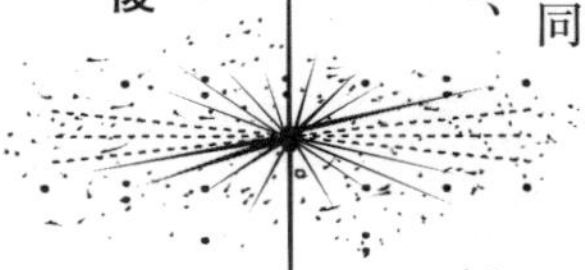

※無空間の宇宙でも、ブラックホールは微少質量を吸収して、質量が太陽の九千兆倍にもなることもある

←四方八方の

◎地球の物質も九千兆の一千兆乗年後でも、蘇るのです

※九千兆の一千兆乗光年先の星は、まだ、宇宙の入り口にも満たない

第六章——二百億光年内のビッグバンを創造する

第六章――二百億光年内のビッグバンを創造する

※太陽の質量の四十秭倍のＢＨと九千核倍のＢＨ同士の衝突で大爆発後、大、小、二千億個の銀河が誕生する

◎自転速度が秒速三十万キロメートルを超えた時から外側に光が飛び出さなくなると思いました

◎秒速三百億キロメートルで引力自転

◎秒速三千万キロメートルで衝突（九九％の確率で衝突）

◎秒速約十兆回転

◎（圧縮引力未元素質量）が、核融合反応を起こしながら、秒速約一億キロメートルで四方八方に飛び散り、約二千億個の銀河が誕生する

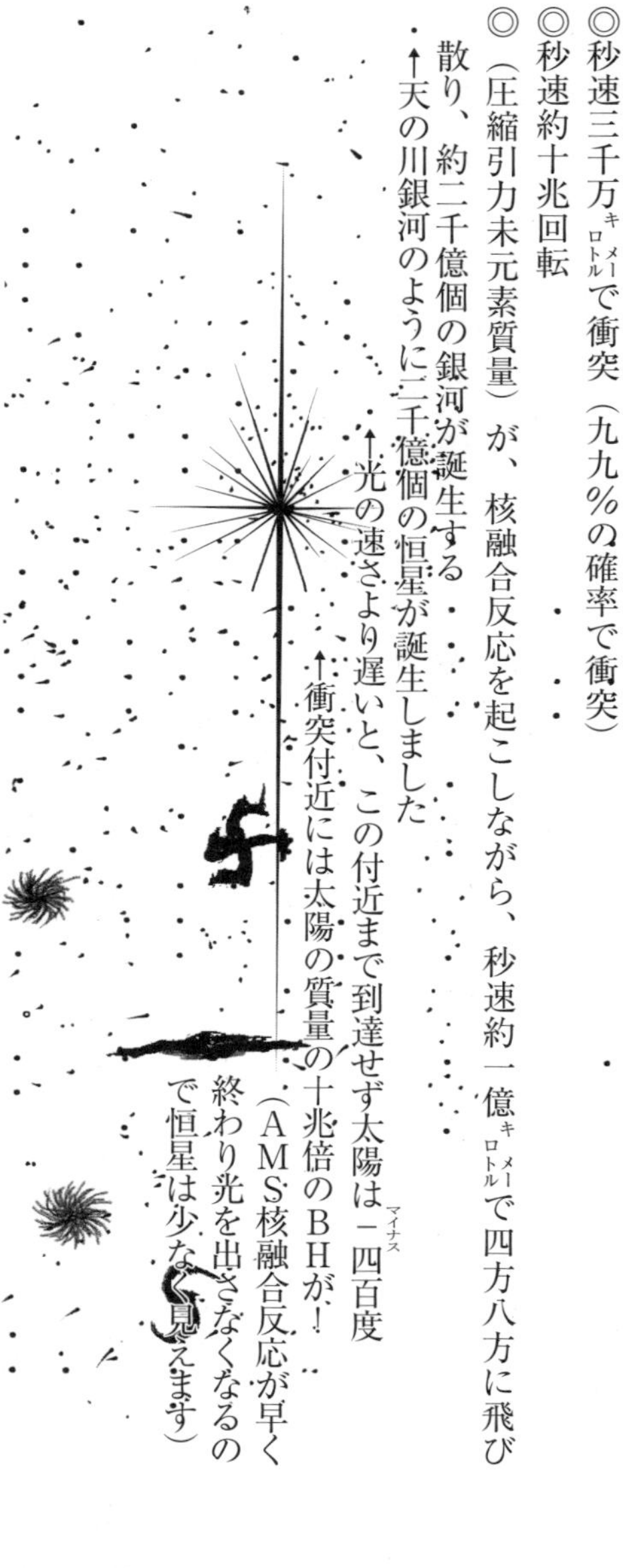

↑天の川銀河のように二千億個の恒星が誕生しました

↑光の速さより遅いと、この付近まで到達せず太陽は－（マイナス）四百度

↑衝突付近には太陽の質量の十兆倍のＢＨが！

（ＡＭＳ核融合反応が早く終わり光を出さなくなるので恒星は少なく見えます）

第七章——どうして、光より速くなる？

第七章—どうして、光より速くなる？

・天体望遠鏡で約百八十六億光年先の銀河が見えます
・地球は出来てから、約四十六億年と言います。半径約六千三百七十八キロメートル
・一光年が、約九兆四千六百億キロメートル進みます
・太陽の半径は約七十万キロメートルです／直径約百四十万キロメートル

◎太陽の三千垓倍と言いますと、太陽を直線に三千垓個並べますと、約四十二穣（三千垓×百四十万）キロメートルになり、光の速さでも約四京四千三百九十七兆（四十二穣÷九兆四千六百億）年間かかります。このようなことを考えまして、超軽の地球の十五階のビルから消火器を落としても、四トンの威力になると聞きまして、このような、超超巨大質量ＢＨが超引力で何日も引っ張れば、光より速いスピードが出ると思いました。

◎地球上の物質だと、光より速いスピードだと、すべての物質が分解してしまいますが、ＢＨになりますと、この地球でも直径一ミリ以下に収縮した物なら、光の二倍のスピードでも分解しないでしょう。まして、太陽の三千垓倍のＢＨなら、光の一千兆倍のスピードでも、分解しないと思います。

◎太陽の約七兆倍個同士の質量を持ったＢＨ同士が光の速さで自転して、光の速さで衝突して大爆発をした時のエネルギーは超強力で、大・小約三兆個のＢＨと約三千億個の星が誕生するでしょう。この大爆発での圧縮引力未元素質量の宇宙空間への広がりのスピードも、光の速さの五倍ぐらいでしょう。天

体天の川銀河は、大・小、約二千億個の銀河がビッグバンで誕生したのですから、その直線距離は、約三百億光年になるとしますと、中心の半径百五十億で爆発した時、秒速四千キロメートルのスピードで、三十億光年の地点に進んだとして、約二千三百七十億年もかかります。その地点から、百八十六億年かけて、地球に光が届いて、見ることが出来るのですから、そうしますと、二千三百七十億もかかったことになります。そうすると、飛んでいるうちにＡＢＳの寿命が尽きてしまうだろうから、その地点まで、光より速く飛んで行って、ＡＭＳが銀河を形成して、百八十六億年かけて地球に光が届いたのだと思いました。

なお、ＡＭＳには種類があって、直径一ミリ以内のＢＨに集まって超引力になりましたが、もし、その直径一ミリのＢＨだけを無くしたとしたら、完全に無になって引力も無しになってしまい、他の星とは衝突も出来なくなってしまうのと、その一ミリのＢＨが無くなっても廻りに星々を吸い込んでいて、収縮して原子が破壊されてはいるが、直径一ミリのＢＨには吸い込まれてはいないので、直径一ミリのＢＨが無くなっても、質量ははるかに軽くはなるけれど、他のＢＨや銀河と衝突すれば大爆発をして、たくさんの星が誕生する物や直径一ミリのＢＨに引き寄せられて来たけれど、収縮してはいるがまだ原子が残っている物が、光より速く動いたり、直径一ミリのＢＨの廻りを引力だけが光より速く動いたりするのです。

《太陽の百無量大数倍の質量の同士の超巨大ＢＨ同士が超引力で引き合うと衝突する寸前は、光の一千倍ぐらいのスピードが出ると思います》

《太陽の百無量大数倍同士が光の一千倍の速さで衝突して、大爆発をして四方八方に飛び散った超巨大ＢＨや銀河が誕生しますが、その中には太陽の質量の百不可思議倍の質量を持ったＡＭＳ（圧縮中性子

を含む）だけが約百京年以上もＡＭＳ核融合反応をした後、摂氏マイナス百六十度になってから直径一ミリ以下のブラックホールになっていく場合もあるし、それ以上のも》

●超巨大質量を持った直径一ミリ以下のブラックホール同士の衝突時のスピードは光より速い

一例

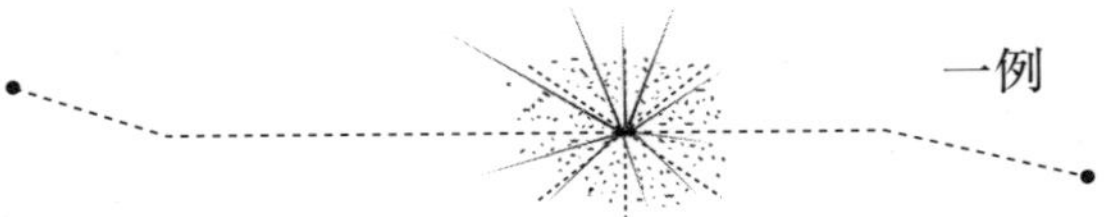

太陽の九千不可思議倍の質量を持ったブラックホール（太陽の質量の五千億倍の星など大・小さまざまな星が十個の銀河や七兆個の星を持った銀河など、五千垓個の銀河団を振り回す超巨大なＢＨの廻りを百億年も安定して回っていたのですが、七百億光年先に太陽の百無量大数倍のＢＨの超引力に引き付けられて、この超巨大ＢＨやこの引力圏内の銀河のバランスが崩れてしまい、円を描いてジグザグして引き寄せられていたが、やがて一直線になり、ドンドンスピードを上げて衝突し大爆発をしました）

↑衝突時秒速三億キロメートルで衝突し大爆発をする（ＢＨの自転は秒速一溝回転だった）

↑衝突時より一年前秒速二億キロメートル（右左のＢＨの超引力は強大で九九・九九％衝突す）

↑衝突より十年前秒速一億キロメートル（このＢＨの進行をじゃまするＢＨも超少しある）

↑衝突より百年前秒速一千万キロメートル（電磁波の中をまたは沿って進む）

↑衝突より一千年前秒速百万キロメートル（右のＢＨの＋電極と左のＢＨの－電極が引き合う）

↑衝突より一万年前秒速三十万キロメートル（光の速さ）

↑衝突より十万年前秒速一万キロメートル（この地点から一直線で右のＢＨへ進行）

↑衝突より一千万年前秒速一千キロメートル（中心のＢＨに遠方の星や塵などが付いてこれない）

↑太陽の百無量大数倍の質量を持ったＢＨ衝突まで七百億光年秒速四十キロメートル

第八章

超巨大質量を持ったブラックホールの超引力自転のスピードは光より速い

第八章——超巨大質量を持ったブラックホールの超引力自転のスピードは光より速い

◎ＢＨの中心に星やチリやガスや微小質量がどんどん吸い込まれるごとに質量が増えていき、自転も速くなって行くのだと思いました。太陽の一億倍ぐらいになった頃には、ＢＨの周辺には、秒速三十万キロメートルの光の速さのスピードでＢＨと圧縮中性子が自転をしていると思います。太陽の四千垓倍もの質量の超巨大質量のＢＨと圧縮中性子の引力自転は秒速三百億キロメートル（光の百倍）のスピードで自転している場所があると思います。

◎自転をするのに、光のスピードを超えた時から、外側へ光が飛び出さなくなるのだと思いました。光より速いスピードで自転をしても物体がバラバラにならないのは、たくさんの星を吸い込んで、強力な引力で分子や原子を破壊して収縮していくのですから、ブラックホールはスピードによってバラバラにはなりません。その点、地球上にある分子や原子で出来た物体なら、いかに硬い金属といえども、お月さんに穴を開けて、反対から通り抜けて、他の宇宙空間に通り過ぎていけるのは、ブラックホールだけしか考えられません。

　いったん圧縮中性子を摂氏マイナス百八十度で破壊して無元素（未元素）になったＢＨなら、地球の溶岩の温度になっても超引力のためにＢＨが破壊されて大爆発をすることがありませんが、太陽のように中性子核融合反応と原子核融合反応を行っている恒星に長時間触れているとＢＨの表面から少しずつ圧縮引力未元素核融合反応が起こり一兆年くらい続くこともありますが、太陽の四十秭倍の質量を持ったBHなら太陽の一個分の恒星を吸い込む時に秒速三百億キロメートルの引力自転でバラバラになって、摂氏マイナス三百度の自転引力で冷えてしまうので中心の温度は摂氏０・０００００００００００００００度も上がりません。

◎太陽の質量の三兆倍同士のBH同士が衝突し、大爆発をしてバラバラになって星が誕生し、百七十億年のAMS核融合反応をした後、原子核融合が終わると、体積がかなり膨張していて、太陽の質量の一千倍もある星は表面が土や貴金属などの原子や分子に戻りますが、その下は、溶岩マントルになって約百億年後には中心部分まで冷えます。それに中心部ほど引力が強いので圧縮されたAMS（圧縮中性子含む）が摂氏約マイナス百九十度を超えた時点から超引力により圧縮引力未元素質量（圧縮中性子含む）が破壊されるのです（温度が摂氏約マイナス百九十度以下でないと太陽の一千倍の超引力でも破壊できません。太陽の十倍くらいの質量だとマイナス二百度以下でないと破壊できません。ちょうど液体窒素で液体を凍らせてハンマーで叩きコナゴナにする要領です）。そして、収縮して直径一ミリ以下のBHになります。外の原子や分子も圧縮原子になりAMS（圧縮中性子含む）になり中心のBHにドンドン吸い込まれていきます。そして、収縮するごとに自転速度が増していきます。そして、十億年が過ぎた頃にはすべての溶岩はもとより、表面だったところもすべて吸い込まれていきますが、その間に、他の星やBH衝突してきたりしますと大爆発をして、また宇宙空間に飛んで行ったりします。

※参考・『宇宙のエンドゲーム』（フレッド・アダムズ＋グレッグ・ラフリン著、竹内薫訳、徳間書店）

第九章／

広大宇宙には人間の住んでいる星が無限にある

第九章――広大宇宙には人間の住んでいる星が無限にある

宇宙は無限に続いておりますが、天体望遠鏡で見ても、せいぜい百八十六億光年先しか見えません。それに、宇宙船で光の速さで飛ぶようになったとしても、七十光年先までしか行くことかできないのです。太陽の次に近い恒星が約四光年ですから、光の速さのロケットが出来たとしても、人間の住んでいる星が一個あるかないか？　であり、宇宙飛行士だけが、赤ちゃんの時に飛び立って、この星に一年間住んで、地球に戻ってきたら、まっ白な髪のお爺さんになっているでしょう。天の川銀河には、恒星が約二千億個あるのですから、生命体を持った星は二千個ぐらいあるでしょうし、そのうち、人間が住んでいる星は、五十個ぐらいはあると思うのですが！　これらの星々に住んでいる人間も、地球は遠いので、地球人の百倍の能力があったとしても、とても、地球まで来ることはできません。

これらを考え合わせますと、無限宇宙には、人間の住んでいる星も無限にあると思いますが、他の星の人と話し合うのは、不可能に近いのです。また、宇宙船で見たら、海もあるし、植物もたくさん繁殖していて、とても良い星だと思って、この星の地上を宇宙船で見て回ったが、動物が全然住んでいないのです。そして、この星の地上に下りてみましても、とても良い星だし、マスクを外して、空気を吸ってみても、とても、おいしいのです。喜んで地球に帰り、みなさんに、報告をしました。それから、五年後、地球上の動物が全部死にました。あの星は、空気感染するウイルスの星だった。このように、地球人が、どれだけ科学を進歩させて宇宙船を造って他の惑星に住もうと思っても、星と星との距離が遠すぎて、なかなかたどりつきません。十億年先には、金星の地表が今の地球と同じ温度になった時に、光合成生物を繁殖させますと、人類が住めるようになるかと思いますが、それはずっと先の話です。

この二十一世紀が、今後の人類にとっていかに大切かを考えなければなりません。今世紀中に人間の生き方へのシステムを構築する大切な時代に生きていると思うからです。人間の生活レベルをドンドン上げるよりも、生活レベルを下げる方が難しいからです。今の地球が今の人口を増やさず、地球の一千倍の面積を持っていれば、ドンドン高度経済成長を続けても良いと思うのですが、環境とか資源のことを考えますと、物質消費文明の地球は狭すぎます。だから、今の生活レベルを下げて、地球環境に良くて、失業者のいない社会が必要かと思いますが、生まれた時からの固定観念を変えるのは、非常にむつかしいことです！　人間は誰もが、すばらしい創造力のある脳を持っているのです。人間一人に約六十兆の細胞があり、あなたの命令を受けなくても一生懸命になって、あなたの為に働いているのです。あなたが手にキズを作ってもキズは治ります。それは、食べた物を胃で消化して、小腸で吸収し、肝臓で蛋白質に変え、血液で運んで傷口を治してくれるからです。太陽はタダで植物を育ててくれますので、米や野菜を食することができますし、また、酸素を吸ったり、燃やしたりします。太陽は、その光で人間の体を温めてくれます。このような、あたりまえのようなことにも、感謝の心を持って、かけがえのない地球を大切にしていきたいと思います。

第十章

ブラックホールは宇宙空間の超微量の質量だけでも吸い込みます

宇宙空間にチリ一個ない場所にもたくさんの銀河が誕生するね

第十章―ブラックホールは宇宙空間の超微量の質量だけでも吸い込みます

二年前だったか、テレビで星が兆の兆の兆年月で鉄や土などの原子も風化して無になると聞いて僕は、宇宙は無限年前からあると思っているので、瞬時に、無になるのではなく超微量の質量が残るんだ。そして、その超微量引力を超巨大ＢＨは超引力で吸い込んでしまうんだ。そして地球の大きさの星が風化して無のような質量になっても、地球の質量分を吸い込んでからＢＨ同士が衝突をして大爆発をして、五十億年後に元の地球の物質に戻るのだと思いました。

※宇宙にはたくさんの銀河や星や隕石やガスやＢＨがありますが、中にはチリ一個ない場所もあるのです。その宇宙空間にチリ一個ない場所にも九千兆の一千兆乗分の一グラムの質量という、とても人間の作った機械では計ることが出来ない超微量の質量のものがあります。この物は余りにも軽いので恒星の太陽の引力では引き寄せられませんが、直径一ミリの太陽の質量のブラックホールならどんどん引き寄せます。そして、この超微量質量だけの物を、ＢＨは吸い込んでいき質量が増えていきます。そして、この中性子や原子も無くなった超微量質量だけでも無限宇宙には、太陽の四十秭倍の超巨大質量のＢＨも無限に存在するのです。だから、星々が無くても隕石や原子だけの物や超微少質量だけでも太陽の九千無量大数倍の質量を持った超巨大ＢＨができまして、これらのＢＨ同士が秒速三億キロメートルで衝突して大爆発をして銀河や星や砕け散った巨大質量のままのＢＨもできまして、ＡＭＳ核融合反応の後元の原子に戻りますから宇宙の全体の物質量は無限代から繰り返されてきているのです。

ある日、手で土を一つかみ、川へ流しますと、三メートルぐらい土色が広がった後は、どこまでも澄み切った水に変わりました。「もうあの土はなくなったのか?」と思いました。いや、巨大水槽の水の中に入れた土を取り出すには、その水槽内の水を蒸発させれば元の土が出てくるではないか、と思いました。

無限宇宙には、大小さまざまな星があちこちに集まっている場所が無限に続いているのでしょうが、**ここの五千兆光年一帯はもう九千兆年の間、チリ一つない空間が続いてきました。そこへ、太陽の質量の一兆倍の質量を持つブラックホールが近づいてきて、それから九千兆の一乗年たちました。すると不思議なことに、このブラックホールの質量が、太陽の質量の一兆一千億倍になっていました。**「星も隕石もチリもない空間が続いたのに、どうして?」。**それは、この宇宙空間に一千個の銀河があったからなんです。**それが、長い年月がたち、それらの銀河が風化していって、ばらばらになって、また何千兆年も過ぎた頃には、星がすべて砂よりも小さくなり、**肉眼では、全体の半分しか見えないようになっていて、**宇宙空間をさ迷うごみのようになり、それから一兆年が過ぎた頃には、一個が一兆分の一グラムになっていて、さらに、数千兆年たった頃には、**九千兆の一千兆分の一グラムになっていました。**もちろん、原子や電子よりもはるかに質量が軽いのです。

無元素で超超微少の質量だけになってしまったこの物を、MBS(無元素・微少・質量)と名づけます(ある日テレビを見ていて、一兆の三乗年ぐらいで星の原子も無くなって、無になると聞いた僕は、瞬時に、無になれば、無限年から宇宙が続いて来られないではないか? 無限宇宙を信じている僕は、それは、微量引力として残り、その微量引力を巨大ＢＨが星の質量分を吸い込んで星になるのだと思いました）と、超巨大質量のブラックホールは超強力な引力で吸い込んでしまうのです。このようになった星が、この場所に太陽の一兆個分ありましたが、このうちの一〇％を、超巨大ブラックホールが長い年月をかけて吸収したのです。そして、直計一ミリの千分の一になりましたが、**質量は太陽の一千倍に増えていきました。**地球上で水素ガスを入れた風船は、どんどん空高く舞い上がりますが、超巨大質量のブラックホールは、空気も水素ガスも吸い込んでしまいます。このＭＢＳが太陽のような恒星に近づけば、燃えつきたり、宇宙空間に飛び散ったりします。このように、星一個ない宇宙空間といえども、超大昔に銀河や星がない場所でも、このようにブラックホールは質量が増えていきますし、そして、このような**超巨大質量を持ったブラックホール同士が衝突すれば、大爆発をした後に、新しい銀河や星が誕生するのです。**そして、**一日～二百五十億年後には、超引力内以外は元の土や鉄など、超大昔の星の物質に蘇るというわけです。**

《無限宇宙の全物質の全体量は無限代（一〇〇〇〇〇〇無限に続く）の前から今日まで増えも減りもしていない。そして、未来も》

第十一章——約百七十億年後に元の土や鉄など、すべての物質に蘇る

第十一章──約百七十億年後に元の土や鉄など、すべての物質に蘇る

※ブラックホール同士の衝突後、百七十億年たった後元の物質に蘇る。

※土や鉄などすべての物質がブラックホールに吸い込まれた後にブラックホール同士が衝突し、大爆発をした後、約百五十億年間AMS（圧縮引力・未元素・質量）核融合反応を起こした後は、中性子、原子核融合の後、元の土や鉄など、すべての物質に蘇ります。

僕は、宇宙は無限だと思っています。それは、どこまでも、チリやガスや星やブラックホールや空間が続いているからです。**「この空間の中にも、超大昔に銀河や星があった場所があって、超超年月の後、星の物質が風化して、分子や原子が無くなっても、そこには、超大昔にあった銀河や星の質量が広大宇宙一面に散らばっていることと思います。その散らばった質量を超巨大引力を持ったブラックホールが吸い込んで、その分の質量が増えます。この、質量が増えるということは、質量の中に、超大昔に風化した星屑などの物質があるということです」**。ブラックホールが星を吸い込んで分子や原子や、すべての元素を破壊して、無になるなら、地球が軽くて、手の上に乗せて「フー」と吹いたら、飛んでいく、というならともかく、たとえ**「直径一ミリメートル以下になったとはいえ、地球の質量があるならば、その質量の中に地球の物質が閉じ込められている」**と思ったのです。そして、星や銀河を吸い込んで超巨大の質量を持ったブラックホール同士の衝突により、超大爆発をして、元の物質に戻ろうとして、AMS核融合反応を約百五十億年した後、中性子核融合反応を十億年し、原子核融合反応を約一億年して、

元の土や鉄など、すべての物質に蘇るのだと思います。

もちろん、地球の物質も蘇ります。それというのも、ブラックホールが、すべての物質や、すべての質量を持った物を、九千兆の九千兆乗の九千無量大数乗の九千不可思議乗の……年の無限年過ぎた現在、このように、太陽や地球があるということは、たえずブラックホール同士が衝突を繰り返してきたからだと思うのです。それでなかったら、この広大宇宙には、ブラックホールしかないはずです。地球のような星も誕生する余地がないからです。このように僕は思いました。

●気体は軽いので、原子核融合反応後は一番早く元の原子や分子に戻る。（一例）酸素や炭酸ガスや水素やヘリウムは軽いので、ブラックホール同士が衝突し、大爆発をした後に、圧縮引力未元素質量核融合反応を起こし、約百六十億年後に気体部分から原子や分子に戻っていきます。そして、鉄などの貴金属類や土や砂などは表面から溶岩になっていきます。

※圧縮引力未元素質量核融合反応の時でも原子核融合反応の時でも、元の金の原子だった場合は金の原子同士があちこちではあるが引っ付こうとして、核融合反応を起こします。

※太陽の質量の十倍以上ある星の中心部分は引力が強すぎるので、核融合反応が終わるとBHに戻ります。

第十二章——広大宇宙は無限年前から誕生していた

第十二章——広大宇宙は無限年前から誕生していた

※広大宇宙は数千兆の一兆乗の一無量大数乗の……（無限に続く）以前から誕生していた

空を見て、「この空はどこまで続いているんだろうか？」と思ったことはありませんか。天体望遠鏡では百八十六億光年先まで見えるというけれど、銀河の光っている寿命が百八十六億年だったので、その光が地球に届いたから、見ることができるのだろうけど、一千兆光年先の銀河は天体望遠鏡で見ることができないので、「銀河があるという証拠を見せろ」と言われても、出来るわけがないのです。また、絶対ないという証拠写真を撮って来ることもできません。「じゃ！　この場所はどうなっているのか？」と言いますと、この場所と言いましても、二百億光年ごとに天体望遠鏡で見ないと分かりませんし、広大宇宙には、九千兆光年一帯が空間ばかりという場所もありますが、「その先の、一千兆の一千兆乗の一千無量大数乗光年先まで空間しかないのか？」と言いますと、必ず、星の集団にぶつかるでしょう。広大宇宙にはチリやゴミもあるし、ブラックホールもあるだろう。そうすれば、そのゴミとチリを吸い込んで、太陽の十兆倍の質量を持ったブラックホールは出来るじゃないか？　その数も無限光年から考えたら、一兆の一兆乗の一兆無量大数乗個以上あっても不思議じゃないし、このブラックホール同士が衝突すれば、銀河や星が誕生するじゃないか！　このことから考えたら、無限代から宇宙はあったのだ！　と思うのでした。

第十三章――天の川銀河の構造

銀河の中心の超巨大質量を持ったブラックホールが全体の星を振り回す図

天の川銀河クラスの星の誕生図

図

超新星について考える

第十三章――天の川銀河の構造

※銀河の中心の超巨大質量を持ったブラックホールが全体の星を振り回す

私達が住んでいる天の川銀河内には、恒星が約二千億個もあると言われていますが、九年前だったか？　このたび天の川銀河の中心部分をアメリカとドイツの天文学者が観測した結果、太陽の質量の百五十万倍のブラックホールが発見されたと新聞で見たことがありました。暗黒星団とか、ブラックホールの数も徐々に明らかにされるでしょうが、何せ、遠いのと、光を出さないので、正確には分かりませんが、氷山のように、分からない物の方が、あとになって、実は多かったということもありますので、僕としては、暗黒星団と中心を除いたブラックホールの数は、太陽の質量の五千億倍あるのではないか、と思っています。恒星と合わせますと七千億個になりますから、これらの星を振り回している中心のブラックホールの質量は、太陽の質量の三兆倍ぐらいはあるんじゃないかと思っています。

※太陽の一兆倍の質量を持つブラックホールと太陽の六兆倍の質量を持つブラックホール同士が衝突して、超大大爆発をすれば、天の川銀河のような銀河が誕生するだろうと僕は思います。

●天の川銀河クラスの星が誕生（図）

※ブラックホール同士の衝突で、大爆発後、大、小、二千億個の星が誕生する（図）

※中心に太陽の四兆倍同士の超巨大質量を持ったブラックホールが衝突・

※超引力自転は秒速三百万キロメートル。

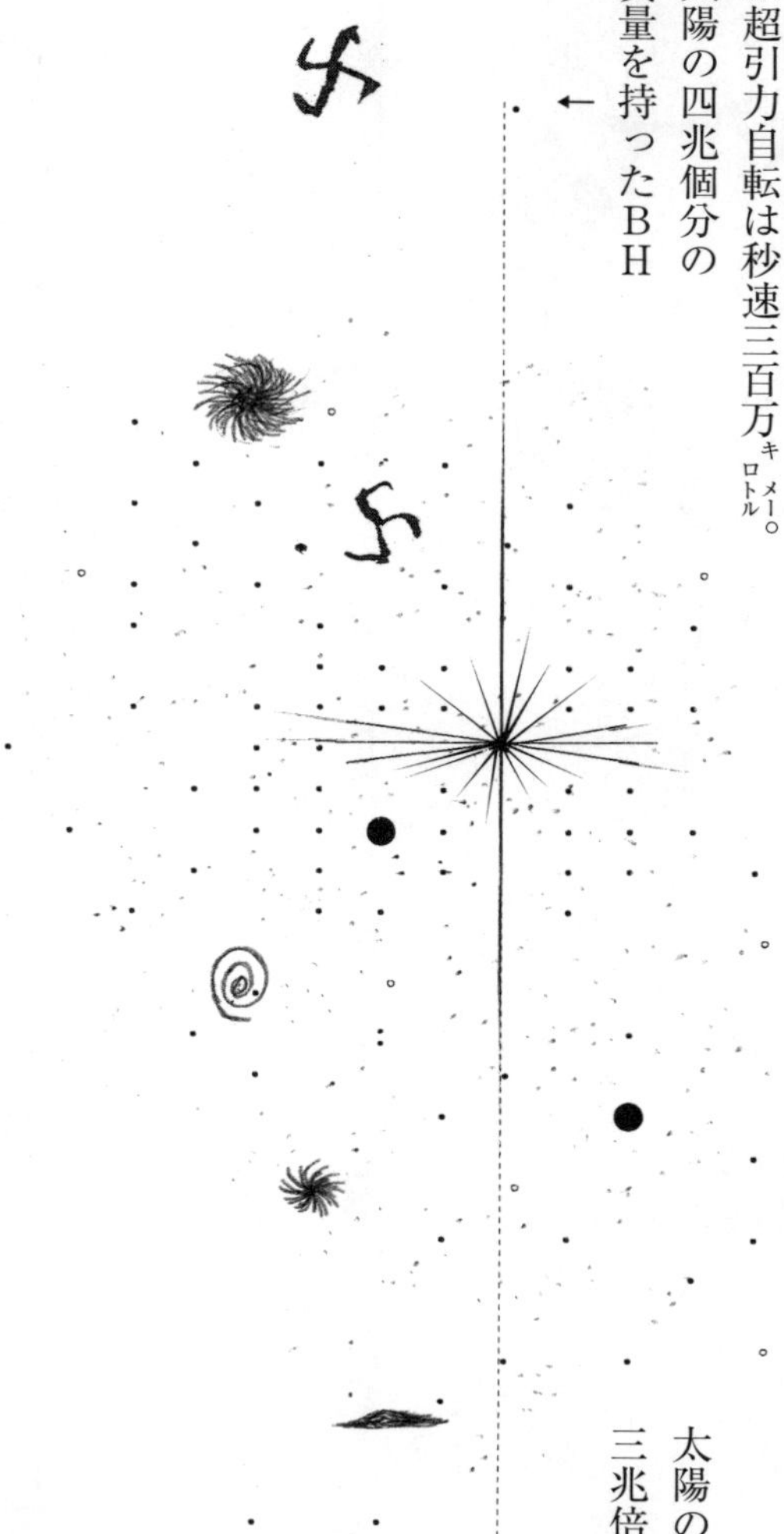

人間の創造力は無限です

良いことを頭に描き、感動しましょう

●超新星について考える

恒星のように光り輝いている星々の空間部分には暗闇がありますが、その暗闇部分に突然、光り輝く星が現れます。これを超新星と呼びます。これも、ブラックホールの衝突によって出来る現象ではないかと思います。また、暗黒星雲同士の衝突でも、星の中心にブラックホールがあり、これらの暗黒星雲同士とか、ブラックホールだけの星と、中心にブラックホールを持った暗黒星雲が衝突すれば、大爆発をして、百七十億年の圧縮引力未元素質量核融合反応をして星が誕生し、百七十億年ぐらいあれば、質量が小さければ一億年で溶岩になってしまうものもありましょう。また、中心にブラックホールのない暗黒星雲同士が衝突すれば、星が誕生して、光り輝いても百年とか千年とかで溶岩になる星が多いでしょう。

第十四章—宇宙の衝突の種類

星の衝突の角度や速度や大きさにより、色々な宇宙が出来上がります

ノストラダムスの大予言（諸世紀・第二巻四五）

第十四章―宇宙の衝突の種類

広大宇宙では、さまざまな星同士が衝突を繰り返し、色々な宇宙を繰り広げています。衝突の時には、「星の大きさ及び質量、衝突時のスピード、衝突時の角度、自転速度、ブラックホール内に閉じ込められている質量内の元の物質」など千差万別のドラマが出来上がりまして、ビッグバンと星の誕生を繰り返して、宇宙は永遠に続くのです。

※色々な衝突があります

星やチリなどを吸い込み中のＢＨ
直径一ミリ以下のブラックホールだけ
恒星
惑星
衛星
隕石
暗黒星

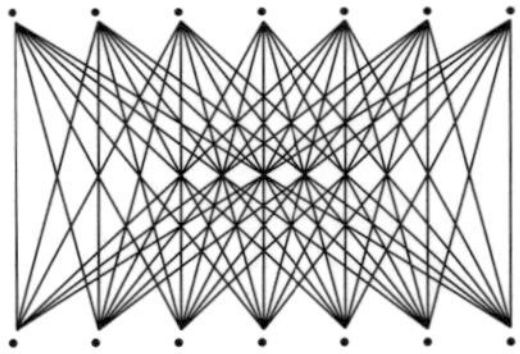

星やチリなどを吸い込み中のＢＨ
直径一ミリ以下のブラックホールだけ（？）
恒星
惑星
衛星
隕石
暗黒星

●星の衝突の角度や速度や大きさにより、色々な宇宙が出来上がります

※超広大宇宙では、毎秒九千兆の一千兆乗個以上の衝突が繰り返し行われていますが、余りにも遠いので、宇宙望遠境でも、九千兆の一兆乗分の一も見えません。

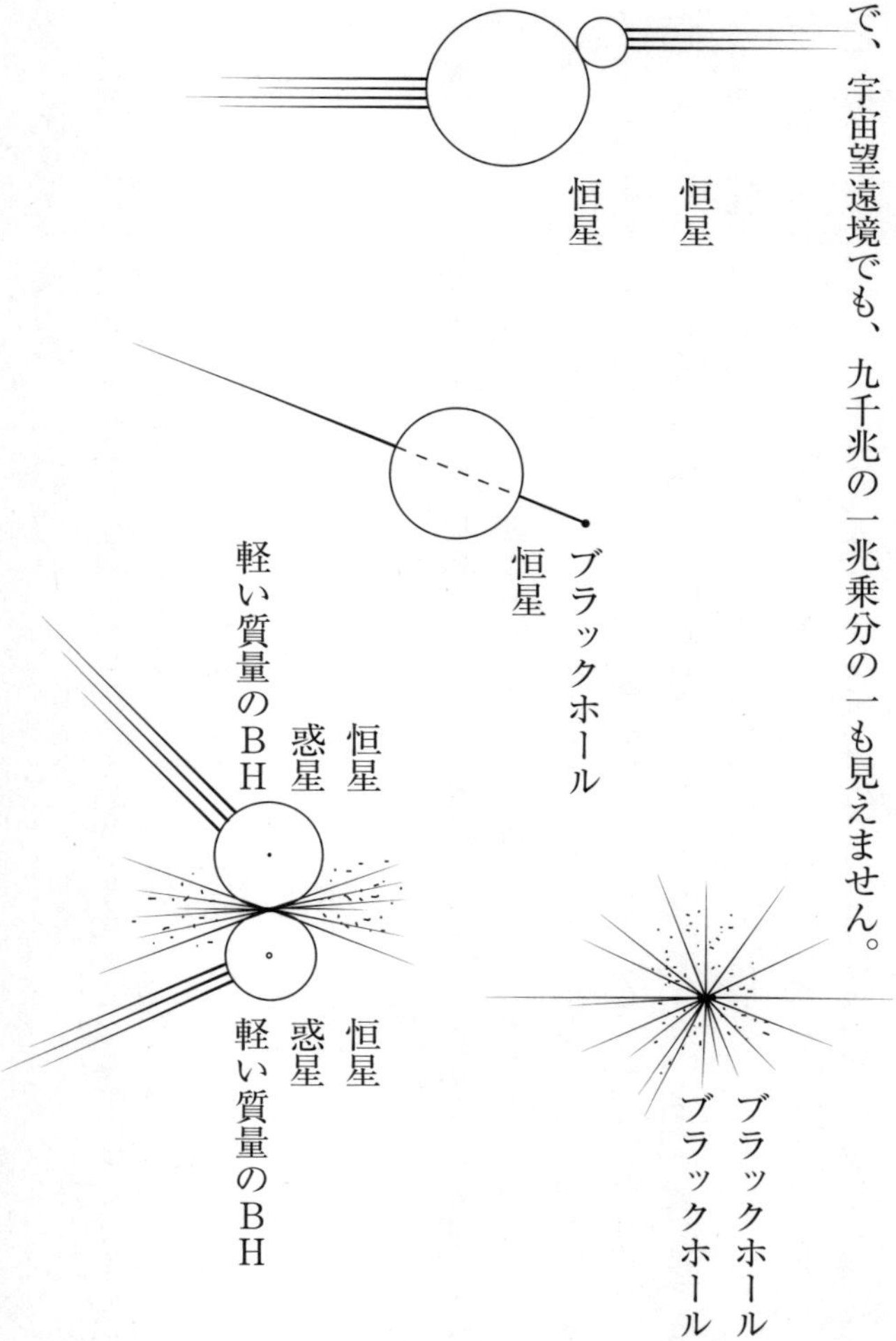

●ノストラダムスの大予言（諸世紀・第二巻四五）

一五〇三年生まれのノストラダムスという予言者がいて、五百年以上先のことなど、頭に浮かんだことを詩に書いた人です。「天はアドロジンが増えるのを深く嘆く／天のすぐそばで人類の血が流される／おおぜいの人が遅い死によって休む／待ち望んだ救いは遅く、突然来る」（「諸世紀」第二巻の四十五）。この本を読んで、ビックリしました。それは、ビンラディンの指示により旅客機がハイジャックされ、旅客機が世界貿易センタービルに衝突して、四十分後にビルが崩壊して、たくさんの人が生き埋めになった！　と、テレビを見て、驚嘆いたしました。そして、二、三日してから、今から二十年前に買ったこの本を見て、更に驚きました。百十階のビルは、天のすぐそばです。消防署や警察が助けに行っても、逃げ惑う人々で、上階まで行くのに四十分もかかって、突然ビルが崩壊して、二千九百人近くの人がビルの下敷きになってしまいました。そして、ほんとうに死亡が確認できるのは、何ケ月もかかるということで、ご家族の方は、ビルが片づくのを待つより仕方がありません。このように解釈しましたら、恐ろしくなりました。そして、女性週刊誌の詩を読み「ヨークの町では大いなる倒壊が起きるだろう／双子の兄弟が大混乱のはてに切り裂かれるだろう／砦が落ち偉大な指導者は圧倒されるだろう／大都市が炎上する時三番目の大きな戦いが始まるだろう」というこの詩で愕然としました。ノストラダムスは武田信玄の時代の人だからです。現代人に「オリオン座のＦ人と地球人が六子を生むだろう」と言ったことが当たったようで！

参考資料＝五島勉（「ノストラダムスの大予言Ⅲ」祥伝社）及び女性週刊誌

第十五章——地球の未来

地球の未来！　無限（九千兆の九千兆乗以上）年先まで考えるね

第十五章―地球の未来

※地球の未来！　無限（九千兆の九千兆乗以上）年先までを考える

我々が住んでいる地球も、一時期は温室効果で暖かくなりますが、今より二千年を過ぎた頃から、だんだん寒くなるでしょう。太陽の光が弱くなるからです。二十億年後には、地球の赤道直下付近の夏でも、昼間の温度がマイナス二十五度ぐらいになり、夜はなんと、マイナス百二十度まで下がりましょう。とても、生物が生きられる状態ではありません。そして、オリオン座方向から、地球の三倍もの質量を持った暗黒星雲が、この地球に衝突して来ました。この衝突で、大爆発をした後、核融合反応をしながら、四方八方に飛び散りました。この衝突時には、なんと一千億度のエネルギーが放たれたのですが、十年後には、三千度に下がっていました。この大爆発で、宇宙空間に散ったバラバラの物体も、白鳥座や、大熊座などの星々や、色々な銀河の引力により、引き寄せられながら、衝突して行きました。

ところが、地球の中心にあった直径一キロメートルの質量の重い物質ＨＫは、月の質量の十分の一で、これ自身は爆発しなかったので、この一個だけが、暗黒の宇宙空間を、秒速三十キロメートルで、どの星の引力の影響も受けずに、どんどん飛んで行きました。そして、一千億光年が過ぎた頃、地球より全体の温度が十度ばかり高い星に衝突して、直径三キロメートルの穴を開けて、中心のＦ星の廻りを回った後、くっつきました。このＦ星の地上では、身長が三メートルもある人間によく似た大男がたくさんいて、恐竜を殺して食べたり、また、肉食恐竜に人間の方も食われたりするという生活を送り、火を使わない生き方をしていました。そして、七十億年が過ぎた頃、太陽の質量の二千億倍のブラックホールにどんどん吸い込まれていきます。そして、ブラックホールの中心に公転しながら、近づいていき、百年間の核融合反応をした後、ついに、直径一ミリの百万分の一のブラックホールに完全に吸い込まれてしまいました。すると、もう形はなくなって、ここには、地球の中心部分とF星の形は無くなり、質量だけが増えたのでした。

それから、八兆光年もの長い長い年月を飛んでいました。そして、この巨大な質量をもったブラックホールが、いきなり何かの引力地点圏に入って、外の物体が爆発して、穴を開けたまま中心のブラックホールと衝突しました。これは、太陽の質量の一兆倍もあるブラックホールだったのです。このブラックホールに衝突し、超大爆発をしたことで、四方八方に飛び散った物体が引力のある所に集まり、一千個ぐらいの銀河が誕生しました。そして、五十億年が過ぎた頃、地球に良く似た星ができて、人間もあちこちの星に誕生するようになりました。白鳥座や大熊座やさそり座など、いろんな星に落ちていった地球の物質も、たえず色々な星々に引き寄せられ、衝突し、爆発し、ＡＭＳ核融合反応や、原子核融合反応をし、星に生まれ変わり、それを何度も何度も繰り返した後は、姿や形は違えども、散り散りになった地球の物質は少しも減ってはいませんでした。九千兆の九千兆乗年後に、地長寿星という星の人間の手で、超大昔の地球の土の一部を握っている子供がいました。

■瞬間移動宇宙船で無限宇宙の旅を行く

《宇宙船マーチャン号》

瞬間移動ができます。

※機内に積んである物

- 缶詰、豆類　・米・果物・酒　・星で栽培の出来る物　・いろんな種
- 光線電気自動車　・井戸掘り機　・宇宙船修理道具　・ロボット
- 銃類、ボート　・カメラ　・地球の民芸品
- 薬、顕微鏡　・無線機　・地球の動物植物の写真
- 衣類、宇宙服　・パソコン　・地球儀
- テント　・マッチ製造機　・宇宙のビデオ
- 自動会話機　・釣り道具　・攻撃減少機
- 酸素ボンベ　・ガスマスク　・その他
- 無人ヘリコプター

第十六章——宇宙船マーチャン号が無限宇宙の旅に出る

歓迎会場で無限宇宙の説明

学校で宇宙の説明

第十六章―宇宙船マーチャン号が無限宇宙の旅に出る

西暦三〇〇二年四月一日、佐藤博士が突然「無限光年よりはるかに近い所だけど、九千兆の一兆乗光年先の惑星へ行くことにしたよ！」と言い出したので、宇宙船マーチャン号探検隊員は博士が何を言っているのか分からず、ポカンとしていた。佐藤博士が「今まで考えてもできなかった、無限宇宙に挑戦する為に、無限宇宙としてはほんの入り口ではあるけれど、取りあえず九千兆の一兆乗光年先の地球の日本語の通じる宇宙人の、光の速さよりはるかに速い超高速電波をとらえて、一年前から一瞬のうちにその星へ行けるように瞬間移動機を作動させていたのが、昨日赤ランプがついたので、コンピュータで調べたところ、九千兆の一兆乗光年先の惑星に日本語の通じる宇宙人が住んでいることが分かったのだよ！」と興奮気味に言うと、好之君が「あの！　九千兆光年先でも天文学的な所ですけど、乗がつくのですか？」と聞いた。すると佐藤博士が「そうだよ。今まででは考えられないような、とても信じられない、遠い！　遠い所だよ」と答えた。それに対して好之君が「それに、なんぼ宇宙が広いからって、日本語が通じる宇宙人がいるなんて」と信じようとはしないので、「九千兆の一兆乗光年以内には宇宙人が意味の分からない言葉を話している星は、九千兆の一億乗個もあるんだよ！」と博士が言う。好之君が「ということは星の数も宇宙人も無限にいるって言うことなんだね」と言うと、博士が「そうなんだよ。そのうち九千兆の三百億乗個の星に、人間によく似た生物が住んで言葉を話しているんだ。そして、九千兆の一万乗個の星の宇宙人が心で思っていることが分かるんだが、日本語に比較的近い言葉で

第十六章—宇宙船マーチャン号が無限宇宙の旅に出る

佐藤秀春
宇宙工学博士
マーチャン号船長
趣味カラオケ

中林一朗君
宇宙船技術者
空手三段

横山貴美さん
一朗君の恋人
合気道四段

佐藤みどりちゃん
博士の長女
おてんば娘
何でも興味を持つ

田中好之君
冒険好き
マーチャン号の料理長

亀太郎君（亀ちゃん）
ベリー星宇宙人
会話が出来る
二百歳、後百歳は生きる
と言ってます
みどりちゃんと仲良し

喋っている宇宙人の住んでいる星は、五百無量大数個もあって、その中から特に日本語が話せる星で、漢字や平仮名を使っている星は、彼らが話しているベリー星の人間だったんだ！」と説明する。すると好之君が「ウワーすごい！　この地球以外にベリー国という国があって、日本語を喋っているんだね！」と驚く。「そうだよ」と博士。「僕も連れて行って！　母さんに話してみる」と好之君が目を輝かして言うと、みどりちゃんも「パパー、私も行きたい」とねだった。「母さんとよく話し合ってみよう。それから、ベリー星に行くとなると、基礎体力をつけなければならないので、宇宙訓練センターに毎日来なさい。毎日かかさず二時間は筋肉運動や無重力訓練など、たくさんしなければならないことがあるからね」と博士が言うと、みどりちゃんは「はーい」と元気よく返事をした。もう、みどりちゃんはその気になっている。「それから、一朗君、貴美さん、好之君も、これから二ヶ月間はしっかり訓練をして下さいね」と博士は言って出かけた。

今日は、名古屋国際空港から、ベリー星に出発する日とあって、世界各国から三万人もが見送りに来ている。世界各国の国歌が歌われ、自衛隊のパレードがあった。空には花火が打ち上げられ、みんなはお祭り気分。佐藤博士（マーチャン号船長）以下、宇宙探検隊員全員がみんなに手を振ってから乗り込むと、マーチャン号は音もなく動き出す……と思うと、もう消えていた。一瞬の出来事で、みんなポカーンとしていた。山田首相がマイクに向かって、「ただいま宇宙船マーチャン号は、世界で初めて、九千兆の一兆乗光年というとても信じられないような遠い、遠いベリー星に旅立ちました。これも、世界各国の方々の科学的な協力があればこそ出来たことであります。この広大な宇宙には、人間のような宇

マーチャン号無限宇宙に出発
名古屋国際空港
広大宇宙が無限に続いていることの
証明に旅立った
山田首相

宙人が住んでいる星が数えきれない程……イヤ！　無限と言って良い程たくさんあるでしょうが、今回成功して、乗組員七名が全員無事に帰ることにより、広大宇宙が無限に続いていることが証明出来るでしょう。しかし、今回、九千兆の一兆乗光年に瞬間移動が出来るのは、まさに偶然であり、ベリー星まで他の星などに一切衝突せずに往復移動出来るチャンスは、一億年に一度あるかどうかと言う程むつかしいことなのです。ですから、この地球以外の惑星に人類が大移動するなんてことは、夢のまた夢でありますので、みなさん方は、よりいっそう、この地球を大切にしていただきたいと思います」。この演説を聞いて、みんなシーンと静まりかえった。

これまで、地球以外の星で、人間の住んでいる星まで行ったことがある星はなかった。無人宇宙船で十光年の星までしか行ったことがなかったからである。このような途方もないことを考えるようになったのは、星や銀河や、ブラックホールの引力を持った物体の引力を、引力吸引機を作動させることにより、宇宙船が九千兆の一千兆乗光年先の星に瞬間移動したいということでセットして、ボタンを押すと、想像を絶するような遠くの星にも行くことが出来るからだ。この宇宙船マーチャン号はいかなるスピードが出ようとも、動きを感じずに飛ぶことが出来るのである。

◎ベリー星は発達した動物人間の星

ベリー星に着陸したマーチャン号に、地球のお猿さんに似た人間が近づいて来て、「ようこそ、いらっしゃいませ」と、お辞儀をしたものだから、好之君がびっくりして、「いや！　こんにちは！　僕達は、遠い遠い、地球という星から来たんだけど、僕の話している言葉が分かりますか？」と聞いた。

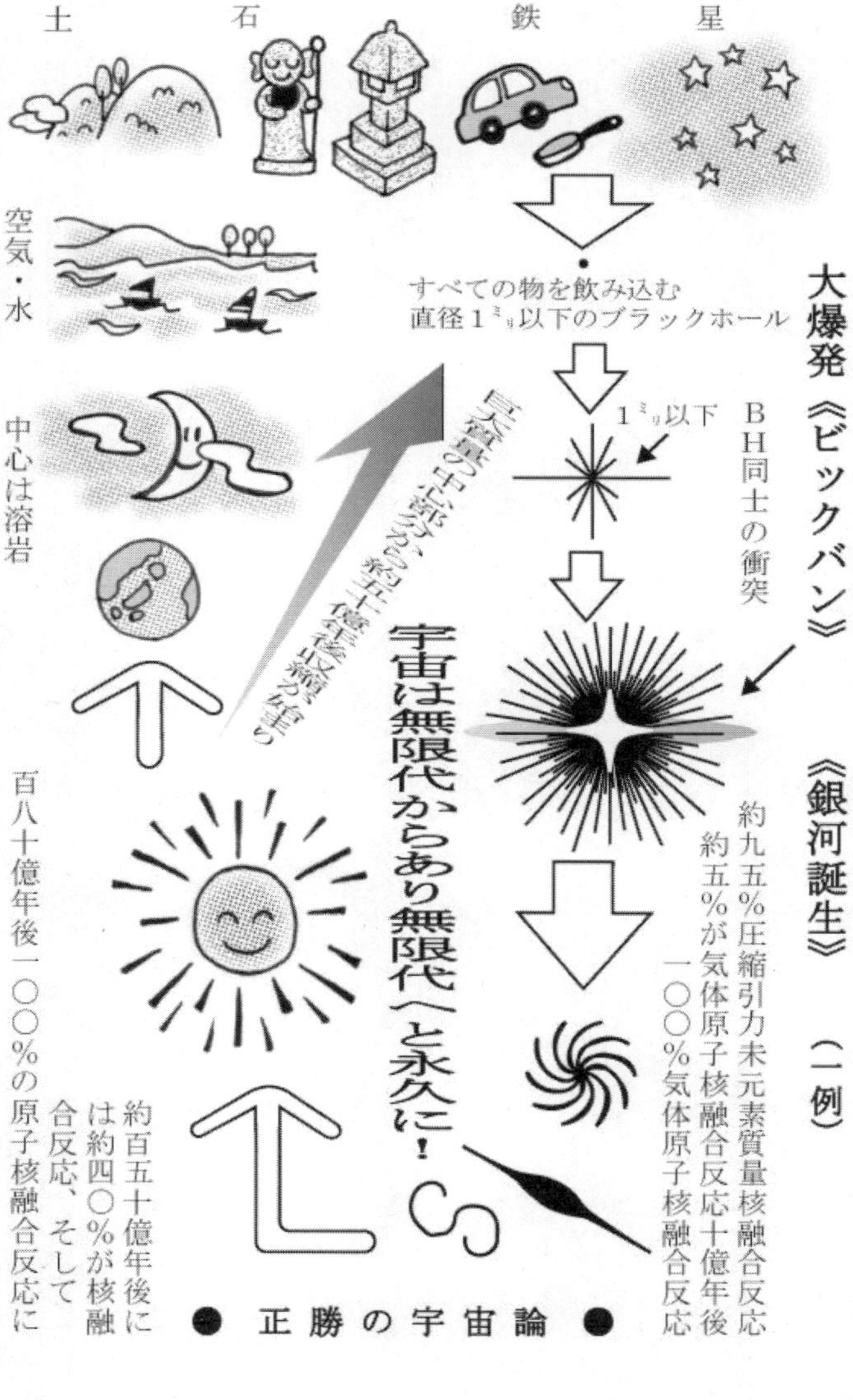
土
石
鉄
星
空気・水
中心は溶岩
すべての物を飲み込む
直径1ミリ以下のブラックホール
大爆発《ビックバン》（一例）
BH同士の衝突
1ミリ以下
《銀河誕生》
約九五％圧縮引力未元素質量核融合反応
約五％が気体原子核融合反応十億年後
一〇〇％気体原子核融合反応
巨大質量の中心部分から、約五十億年後収縮が始まる
宇宙は無限代からあり無限代へと永久に！
約百五十億年後には約四〇％が核融合反応、そして
百八十億年後一〇〇％の原子核融合反応に

● 正勝の宇宙論 ●

モンちゃん
ベリー星宇宙人
五億年前御先祖はお猿
人間の言葉は進化で

ワンちゃん
ベリー星宇宙人
犬が三億年進化して、人間の言葉が喋れる
手荷物の検査や麻薬などの発見には右に出る者なし

ベリー星宇宙人
近藤潔志君（コンちゃん）
お調子者
三ケ国語が話せる
変装の名人

ハナちゃん
ベリー星の宇宙人
一(キロメートル)先に誰がいるのか
匂いでわかる

ベリー星宇宙人
ミミちゃん
小さい音でも聞こえます

ベリー星宇宙人
チュウちゃん
カギが掛かっているビル
でも進入出来る

「ええ、分かります。ベリー星には、三メートル以内にいる人の脳細胞の中の潜在意識と顕在意識を読み取る機械（ＳＧＫ機）があって、好之君の喋った言葉は、君の顕在意識をこちらが意識することで分かるのです。そして、好之君の生まれた時から、今日までの覚えたことや、生活の中で接したことが、君の潜在意識に記憶されているので、この機械を持っていれば、すべて、僕の脳に記憶されるんですよ」と言って、耳に掛かっている物を出し、「これが、脳内意識の読み取り機です」と言って見せた。好之君が「それはすごいですね」と言って、耳に機械を掛けると、びっくりした。そして「あなたは、モンちゃんですか？」と聞くと、相手はにっこり笑って、「はい、ベリー国のモンちゃんです」と言ってお辞儀をした。そして機械を外すと、モンちゃんが生まれた時から、強く感じたことしか分からない。みどりちゃんや一郎君や貴美さんも「私にも貸して」と言って次々にＳＧＫ機を耳に掛けた。その後、一郎君と貴美さんが、顔を向き合わせて感動している。お互いが、心から強く愛し合っていることが分かるからだった。佐藤博士だけがこのＳＧＫ機を外してからも、モンちゃんの細かいことまでを喋った。博士が「僕は、宇宙で一番頭が良いと長年思っていたから、一〇〇％潜在意識を使いこなすようになったからかな」と言うと、モンちゃんが「ベリー星では、赤ちゃんの時から死ぬまで、たとえ試験が〇点の人でも、宇宙で一番頭が良くなるのだと思い続けるようにと教育されております」と言った。「もちろん、記憶力、洞察力、直感力、演技力、忍耐力など、すべてにおいて自分はすばらしいと思い続けることです。健康に関しても、精神、気力、体の故障の治し方、運動、栄養について、十五歳までに、病気になりにくい体づくりを教えます。そして、ベリー星には今、人口が十億人いて、百五十の県がありますが、すべての県が、県民の健康を第一に考えております」と話しているうちに、一万人もの人々が集まって来た。モンちゃんが博士に、「みんなに一言挨拶をお願いします」と言って、マイクを渡した。

◎歓迎会場で無限宇宙の説明

佐藤博士が少し高くなっている台に上がって、「ベリー星のみなさん、こんにちは！　我々は、このベリー星から、九千兆の一兆乗光年も離れた、とても信じられないような遠くの地球という星からやって来ました。我々の住んでいる地球は、このベリー星とほとんど同じ大きさです。そこに約三十億の人間や、色々な動物や植物が生命活動を営んでいます。このような遠くまで、この宇宙船で来られたのは、宇宙空間に、五千兆度の熱でも耐えられる物質が浮かんでいまして、その物質で、この宇宙船マーチャン号を造りました。そして、日本の言葉が理解できる人間が住んでいる星の、二億七千前から倍々に速度が増えていくベリー星の超電波をとらえることに成功したのです」と話すと、ベリー星の人たちはいっせいに拍手をした。ミミちゃんが「話のできる生物が住んでいる星は、たくさんあるのですか？」と聞くと、「ハイ！　無限にあります。我々の住んでいる地球人は今から一千年前、宇宙は無限であるという本を出版した人がいましたが、それを立証することはできませんでした。しかし今回、このベリー星に宇宙船マーチャン号で来ることができまして、この宇宙は無限であるということが分かりました。また、無限に星々があり、そこには無限に動物や植物が生命活動していることが分かりました。しかし、話のできる動物が住んでいる星と星との距離が余りにも遠いので、他の星の動物同士が話し合うことはまさに奇跡であります。まして今回、想像を絶する程、遠くの地球から来ることができたことは、全宇宙にとっても、初めての出来事と思います。全地球人を代表いたしまして、ベリー星の方々と仲良くしていただけたら良いと思いますが」と話すと、満場の拍手が起こった。モンちゃんが「みなさん、こんにちは！　本日はベリー星にとっても、たいへん記念すべき日になりました。超遠方より来られた地球のみなさんを、心から歓迎いたします。今からビッグホテルにて休んでいただきます」と言って、車に乗った。車といっても四輪の自転車ペダルが六つ付いているものだ。みどりちゃんも一生懸命にこいだ。博士が「これは良い運動になる」と言った。

途中で大きな音楽をかけた赤十字のマークの入った車に出会った。その車は、煙を吐いて走っている。博士が尋ねると「あれは救急車です。たぶん、人が倒れて意識がないので、潜在意識に楽しい音楽を聞かせてやり、生きていることの楽しさを眠っている耳に聞かせているのでしょう。そして、『あなたの血液は元気に流れている。全身の細胞が元気に働いている』という言葉を音楽とともに流します。すると、心臓は止まり、息もしていないような場合でも、まだ脳細胞は生きているので、患者の耳から潜在意識に暗示を送っているのです」。車の中では、救急隊員が患者の鼻を押さえて、口から空気を肺に送ったり、電気ショックを当てたりしていた。すると、モンちゃんが言った。「ホテルに着きましたよ」

◎ビッグホテルにて

ビッグホテルに着いた一行に対して「ようこそ、いらっしゃいませ」とミンちゃんが言って、続いて「当ホテルはバイキング料理になっております。お好きな物をお取り下さい」と言ってから、好之君の隣に座った。ミンちゃんはいつも、お客さんと一緒に食事をする。そして、お喋りをしがてら食事をす

藤生明君
料理長
おいしい料理を作ります

渡辺伸夫君
医師
名カメラマンと言われて
います

ミンちゃん
ベリー星宇宙人
ビッグホテルの料理人

馬太郎君
ベリー星宇宙人
力持ち
よく走る

ヒツミさん
ベリー星宇宙人
呉服店の経営者

猿彦君
ベリー星宇宙人
何でも作る仕事

るのです。「ねえ、地球って、どんな動物がいるんですか？」「地球でこのような話し方をするのは、僕達みたいな人間だけです。地球には、お猿さんや犬や、馬やきつねさんなど、たくさんの動物がおりますが、四つ足で歩いていて、このような会話はいたしません」と好之君が言って、地球から持ってきた絵本を見せた。すると、馬太郎君や猿彦君やハナちゃんもそばに寄ってきて、絵本を覗き込んだ。「あっ！　これハナちゃんに似ている。これは、ワンちゃんに似ている。これはミンちゃんにそっくりや！だけど私達みたいに、こうして立ってないね？」「そうなんだ。それに、この犬はワンワンとしか鳴かないし、この馬はヒヒーンとしか鳴かないんだ」。すると猿彦君が、「じつはこのベリー星の五億年前の先祖は、この絵本の動物とも僕らとも、よく似ていたんだよ。このように、立って歩くようになって、このような話をしたり、字を書いたり、車に乗ったり、テレビを見たりできるようになったのは、このベリー星より三十光年離れた所に、君達のような人間が住んでいる星があるからなんだ」と言って、空に向かって指を差した。

◎猛毒クマンバチが占領している星

「それはオオラ星と言って、人間や動物が猛毒クマンバチに殺されて、占領された星なんだ。こいつに刺されると、人間はたった三秒で即死してしまうんだ。この猛毒クマンバチが生まれたのは、今から五億年前で、オオラ星は科学の発達した人間が住んでいたんだけど、オオラ星の人口が百億人になって、食料難になってしまったんだよ。そこで、イダイ博士が巨大野菜になる物質を発見して、巨大化したほうれん草や、お米などが、どんどんできたんだよ。そういった野菜を食べても、普通の野菜を食べてい

オオラ星

《ロケット内》
世界中の歌・言葉のカセット・CDをビンに入れる
動物の脳細胞が増殖するF物質
オオラ星の写真・オオラ星の文章の入った紙
イダイ博士の依頼書などを入れたカプセル

ベリー星

るのとなんら変わらなかったんだけど、普通のクマンバチだったのが、巨大野菜の蜜を食ってから、恐ろしいくらいに獰猛になり、猛毒のGT液に変化して大増殖してしまったから、もう大変！　人間だろうが動物だろうが、手当たり次第に刺しまくったものだから、もう大変なことになった。なんせ猛毒クマンバチのGT液は車の鉄板に触れると、車の屋根やドアなどは溶けてしまう程強力だし、プラスチックやナイロンまで溶けてしまうんだ。この猛毒の針で刺しまくるのだから、オオラ星は猛毒クマンバチに占領されてしまったんだ。ただ、一ヶ所、安心島だけはこのオオラに占領されずにすんだ。この安心島には、宇宙基地があって、生き残ったイダイ博士が、このオオラ星を、元の人間や動物の星に変えようと思ったのだが、オオラ星の人口が一千人になってしまった今となっては、もうどうしようもない」と言って猿彦君はあきらめた。その時、近くにいたお調子者の元田君が、「このオオラ星の一番近い動物が住んでいる星に、ベリー星がありますね。そこに住んでいる動物を、我々人間より頭脳の発達した人間に変えて、この猛毒クマンバチを退治してもらうわけにはいかんだろうか？　もちろん、核兵器なんかを使うと、死の灰で我々まで癌になったり、白血病になるので、何とか良い方法はないだろうか？」と言った。そして、五年後、動物実験で、動物の脳だけが人間の脳細胞より多少多くなる物質を発見した。「このF物質をベリー星の地上に蒔くと、土に染み込んだ後で植物が吸収し、今度は動物達がその植物を食べることにより、何匹かの動物の脳細胞が増えて頭脳が発達するのだ。そうすれば、一万年後か、一億年後には、我々人間より頭脳が良くなり、体型も人間に似たようになると思うのだが、たしかなことは言えない。そして、オオラ星の猛毒クマンバチをやっつけて、我々人間の住める星に変えてもらうよう、手紙を書いて密封したビンを送ろう、ということになって、ロケットをこのベリー星に打ち上げたんだって分かったんだ」そう言って、ワンちゃんが歴史教科書を見せた。

そこには、オオラ星の五億年前のビンの中に残っていた手紙の文字の写真があった。その隣にイダイ博士の写真が載っていたのだが、我々地球人とまったく同じ顔をしているので、びっくりした。地球から これ程離れた場所で、しかも日本語を喋り、文字までも同じで、ビンの中に、九百曲の詞と音符と、それにオオラ語の歌と、オオラ星のすべての国の歌をカセットとCDに吹き込んで、送ってきた物を、このベリー星の人達が受け継いでいるのだ。「その後、オオラ星はどうなったのですか？」「そのことは、まったく分かりません。私達も、地球の動物と一緒だったのが、ここまで変わるまで、三億年たってから、私達みたいに脳が発達して喋るようになって、二本足で歩くようになったのです」。「そうすると、その猛毒クマンバチをやっつける方法はないんですね」と博士が聞くと、コンちゃんが「猛毒クマンバチの実験はしていないけど、ベリー星に住んでいるクマンバチを捕まえて、無毒にするF物質はできているのです。だけど、オオラ星に打ち上げるロケットがないので、助けてあげられないのです」

このような話をしているうちに、地球上にいるのと約五〇％は同じ魚の食べ物や、野菜や海草類のバイキングが出てきた。変わっていると思ったのは、ゲンキ実とかタイドクムの種とか、ハダツヤツヤの芽に、おとな三個までとか効能が分かるように書いてあったことだ。また、ご飯やおかずを皿に入れてカロリー測定器に置くと、皿の上に置いた食べ物が何カロリーか出る。そして、自分の体重と今日の運動量をおよそ計算して、自分のカロリーを出してから食べるのだが、慣れてくると、計算をしなくとも、勘で分かるようになる。ホテルでは、好之君の部屋へミミちゃんが入って来て、好之君のフトンにもぐり込んで一緒に寝た（そして五ケ月後、ベリー星で、地球の種が実った）。一郎君と貴美さんのフトンにはチュウちゃんが入ってきた。亀太郎君はみどりちゃんのフトンの上でうつむいて寝た。というのも、仰向けになると自分で起き上がることが出来ないから。亀ちゃんの頭をさわって、みどりちゃんは上機嫌。

◎ベリー星の健康踊り

朝起きて、朝食をとっていると、タイコやトランペットなどの伴奏が聞こえてきた。ミミちゃんに手を引かれて好之君やみどりちゃんらが表に出てみると、一万人ぐらいの人が伴奏に合わせて踊っていた。モンちゃんが近寄って来て「みなさん、おはようございます。地球から、はるばるベリー星に来ていただいたことを記念して、一週間、国民祝賀会をすることになりました。どうぞみなさん一緒に踊って下さい」と言って、博士に手を差し伸べた。廻りを見ても、一人も見物人はいない。子供からお年寄りまで全員が踊っていた。みんなが手をつないだり、左右の足を大きく上げたり、体全体を回したりと、全員が大きく声を出して、肩を抱き合って合唱していた。そして、昨日が「無限宇宙の立証された日」として、毎年一週間は休日になった。夜になると花火が上がった。「まさか、宇宙のこんな遠くの星で、花火が見られるなんて……」と乗組員は思った。花火を見ながら、はるかに遠く離れた地球での出来事が、脳裏をかすめた。ハナちゃんと明君が手をつないだり、足を上げたりして踊っているのを博士が見て、ハナちゃんは元は豚だっただろうに、何億年も経つと、こんなにも変わるものなのかと、自然の神秘に感動していた。踊りを見ていると、右に三回回ると、左にも三回回り、必ずバランスのとれた踊りをしていた。

ベリー星では、全員が生まれた時から病気にならない予防医学を両親が徹底して教え、十五歳頃には自分の体は自分で治すのだという自信がつくまでの実戦教育が、この踊りにも組み込まれていることがＳＧＫ機で分かったのであるが、朝食の栄養のバランスの良さにしても感心していました。すべての食べ物にどういった栄養があり、何カロリーあり、体のどこに効果があり、どの食べ物といっしょに食べればより効果が出るかとか、運動をして汗をかけばビタミン類と塩分と水分がなくなるから、こまめに少しずつミカンや昆布茶などで補給した方が良いことなどを小学校の一年生から教えているとは。そのおかげで、この星にはいかに病人を出さないかといった予防専門医が国の機関で全国を回っていて患者と地域の治療に経験の豊かな人や、全国で、その病気をどうして治したかが、くわしく調べられるようになっています。また、予防専門医が医者を紹介する場合が多い。

このベリー星では、金儲けだけに力を入れて患者に余分な薬を売ったと判断され、「精神正常会」に通報されると、悪思考細胞消滅機を持ってこられて、医者の考えの悪い部分の脳細胞を消滅させられてしまう。ただ植物人間になった人は十日後安楽死にされるが、まあ！　患者は安心して治療が受けられるわけだ。それに、自分の病気は自分が努力して治すというのが基本だけれども、いろんな人にアドバイスを受けるのである。しかし、そうは言っても、例えば慢性の肝臓が悪くなったとなると、まず両親や友人に相談したり、小学校の時に習った健康法の本やビデオを見たり、三億年前から、どのような治

みんなで踊ろう♪
楽しいなぁ～
祭
祭
祭

療をしてきたかが詳しく書いてある専門書を買って読んだり、コンピューターを通して専門の医者に聞いてアドバイスを受けたりするのだが、生まれた時から社会全体が徹底して健康予防から治療などに取り組んでいるので、誰に相談しなくても、自分で治せるんだという自信の持っている人が三〇％はいるのだ。だから、この星では、健康保険はない。

馬太郎君は馬力があって、一日中でも踊っている。みどりちゃんや亀太郎君は、もう放心状態で踊っている。踊り場には、色とりどりのハイカラなトイレが建てられている。トイレに行くのを我慢するのは、非常に体に良くないからと徹底されているので、学校の先生が授業中に「休み時間まで我慢しなさい」と言うと、コンちゃんは「うちの父ちゃんが、ウンチとオシッコは我慢すると病気になるので、絶対に我慢をしてはいけないと言っています」と反論する。そこで先生が「ここが電車の中だとしたらどうする？」と言ったのに対し、コンちゃんは「それなら多少は我慢をして次の駅で下りて用をたします」と答える。先生は「だから、この教室も電車の中だと思いなさい」と言うと、コンちゃんは「教室から出るなと言うならここでします」と言った後で、お尻を出してウンチのポーズをした。ガンコ先生も根負けして、「分かったハヨ行け！」僕はウンチを堪えて痔瘻になった。

◎ベリー星の経済感覚

国庫から補助金を出してもらって授業を受けているわけだが、その授業料は、全額、将来の年金から引かれるわけだし、仕事をして預金ができると早く支払う人もいる。それは、銀行からお金を借りるのは自由だけれど、国から借りると強制労働をさせられたりして、好きな仕事ができなくなったりもするし、一般の会社の半分の給料しかもらえないので、当然、銀行に借りられるように努力をする。ベリー星では、国がお金を貸してくれることもあって、消費者金融は禁止されている。どちらにしても、国の補助金は何年かかったとしても返すようになっているので、みな、いかに楽しく勉強が出来るかということに真剣だ。集中力が落ちれば漫画を読む時間を三十分とったり、柔軟体操をしたり、踊りの時間を三十分とったり、流行歌の時間にしたりした後で、難しい問題に入る。この考え方は、次のような話から来ている。というのは、ベリー国の田舎の飲み水には、瓶の中に砂が入れてあり、瓶の底に水の取り口が付いていて、その水を飲むのだが、瓶の水がいっぱいなのに水を入れたって、水はこぼれるだけだから、水が浸透してから瓶に水をやること、という考え方からきているのだ。だから、自分の好きなことをやり、無理をしない運動をして、頭をすっきりさせてから、難しい問題に入るようにしているのだ。そして、心から本を読むのが好きになるようにと考えられている。そして、マッサージの仕方を覚え、家に帰ってから両親にマッサージをしたり、養老院に行き、お年寄りにマッサージをしたりして、大人とのコミニケーションをはかるのである。

小学校の高学年になると、市町村に設置してある医療機器で、血圧、血糖値、血管年齢、血液の流れる状態、心電図などを測定し、大人の人と交互に測定をし合って、健康状態を調べる。このように、お祭りも健康を意識した踊りになっている。心と気力、筋力、運動、ツボ押し、体の故障、栄養、皮膚、腸内の老廃物の出し方、環境整備、自然食などが組み込まれている。祭りが終わると、セラミックスでできた自転車に乗って帰った。ワンちゃんに聞いてみると、二億年ぐらい前には鉄でできた自転車だったが、三千年ぐらいで鉄はなくなってしまったらしい。その頃にはベリー星にはガソリンという物で車が走っていたらしいが、約二百年でなくなってしまったらしい、とのことだ。今日は朝から佐藤博士ら全員に貸してもらった自転車に乗って町を見て回った。

◎ベリー星の結婚式

三十分ばかり行った所でヒツミさんがベリー国の結婚式を見て、みんなに「今から結婚式を見に行こうよ」と言った。ベリー星では、誰でも結婚式に参加出来るようになっているとのことである。この広場にはベリー国が建てた大きなドームが建っていて、宇宙の星々の大きな姿が大きな丸いガラス玉に写し出されている。これに向かって、国から借りた花嫁衣装の新郎と新婦ら一同は、緊張したまま、仲人さんの言葉を聞いている。「この大自然の宇宙に、あなた達夫婦は共に愛し合っていくことを誓いますか」という問いに、「はい！　誓います」と言うと、全員が拍手喝采した。そして、みんなで記念写真を撮った。テーブルには、お酒やビールや梅酒やバイキング料理が置いてあって、好きな物を取って食す。これで、相手方と親戚になったのだから、挨拶をしながら回る。飛び入りの席に座った博士やワンちゃんも新郎新婦にお祝いの言葉を述べたところ、「はるか遠くの地球から来てもらい、ありがとうございます」と言ってみんなに握手を求めた。博士が「プレゼントです」と言って、自分の腕時計を新郎に渡した。すると新婦が、「結婚式の良い思い出として、いつまでも大切にいたします」と言ってお辞儀をした。博士が「この時計よりも、あなた方の愛のほうが何万倍も大切です。末長く、お幸せに！　心よりお祈り申し上げます」と言って、お辞儀をした。

この結婚式により、国から二千万円まで借りることができる。そして、夫婦が共同責任でお金を借りて、住宅を建てることができる。返済は給料からだが、支払えない人は年金から引かれる。結婚式の費用は、三十万円である。冠婚葬祭には金をかけないのだ。民間で仕事が見つからない時には、役所関係の仕事で、国民の家作りや野菜作りをして、作ったものを国民に渡す。そして、死ぬ前に住んでいる家を国に買ってもらったりして、借金の返済をする。このようにして国の補助金は何年かかっても返すようになっている、何でもダダでもらうことはないのだ。あくまで基本は真面目に人々の為によく働き、ベリー星にプラスになることをしている人が報われるということなのである。そして、真面目に働いておれば、国からお金を貸してもらえる。ただし、他からもたくさん借りていて、返せないと判断されると、強制労働しなければならない。でも、楽しく働けるようになっている。それでもなお働かない人は、暴力島に移される。体の故障のある人は、お金を貸してもらえるか、出来る仕事を紹介してもらう。ただし、死ぬまで働いてもお金が返せない時は、全財産を没収されるか、子供にとっての親の借金は子供が年を取って死んだ時に清算する。

◎ベリー国の学校

学校に来ると広場で大人と子供達がバレーボールをしていた。ハナちゃんが「私達はいつも近所の大人の人と一緒にスポーツをして楽しみます。大人は学校の校門をくぐる時に、悪思考脳細胞死滅機の設置してある所を通って入って来ます。この機械で精神に異常があると診断されると、その人はゴリラ人とか、ライオン人のグループでスポーツなどをして楽しみます。勝ち負けではなく、体を動かして、心と体を健康にするのが一番なので、大人の人は力を抜いて試合をします。また、乳酸値測定器が置いてあって、自分の体調を調べて、むりな運動はしないようになっています。だから、国民全員が健康の為に楽しみながらスポーツをします。学校に来ると、大人も子供もストレスがたまりません」と説明した。教室に入ると、後ろに椅子が並んでいて、博士ら一行が座った。小学校五年生の授業なのに、次のような内容の医学講座である。

「人間は約六十兆の細胞からできています。一個一個が生きているので、栄養と酸素の入った血液を一個一個の細胞が赤ちゃんのように吸うのです。そうしますと、全身に張りめぐらされた毛細血管に吸引力が生じて全身の血液が動きます（僕が中学生の時に読んだ西医学書を参考にしました）。みなさん方の家で井戸のある方はその井戸にホースを入れ、モーターを回しますと、水は上がってきますが、途中で止まります。それは、ホースの中に空気が入っているからです。ですから、バケツにくんである水を上からホースに入れることにより、水が上がってきて、ホースから水が出るようになるのです。だから、空気の入った注射針で腕の血管に空気を入れると、血液の流れは止まってしまい、死んでしまいます。もし、心臓のエネルギーで血液が動くのであれば、血管に空気を入れても血液は動くはずです……」。

それを聞いていた佐藤博士は「地球では心臓が血液をポンプのように送り出しているんだが？」と疑問に思った。（注・これはあくまで僕の解釈ですのでくわしくはお医者さんに相談して下さい）

◎心の大切さ

「普段は何も考えず、ボーっとしていても、心臓が動き、食べた物を消化して、蛋白質やビタミンA、

B、C、Eなどに変えています。それは、脳の中の潜在意識が全身の神経に命令しているからです。その潜在意識をあなたの心で意識を集中して強く思うことにより、思ったように働きます。自分は、だめな人間だと心で強く思うと、どんどん、だめな人間になりますから、そういうことは心で強く思わないで下さい。逆に、良いことは強く思って下さい。そういう気持ちで勉強も楽しいなと思いましょう。潜在意識が自由にコントロールできるようになりますと、〈潜在意識・顕在意識読み取り機〉が使いこなせるようになって、将来、裁判所の長官とか、良いポストにつくことができます」という話に続いて、「ここからは地球から来られた佐藤博士に質問できる時間としましょう。みなさん聞きたいことがあったらお聞き下さい」と言って、佐藤博士の前に歩いて来ました。お猿人間の猿彦先生がお辞儀して「地球とベリー星とはよく似ております。これからも、よろしくお願いいたします」と挨拶をして、教壇の前に立ち、「みなさん！　こんにちは！　皆さんが知りたいことがありましたら、お答えさせていただきます」と言うと、キリンちゃんが「歴史の時間に、『このベリー星では、今から二億年前に化石燃料エネルギーを大量に使った為に、ベリー星の人達は一万年も小型酸素ボンベを背負って生活していた』と習いましたけど、地球の環境は、どうなっておりますか？」。それを聞いて博士はドキッとした。「地球では一千二百年前に石炭で汽車などを走らせていましたが、百六十年で日本の石炭はなくなり、その頃には外国から原油を買い、発電機を回したり、ガソリンを使った車や天然ガスを使ってエネルギーにしておりました。それらのエネルギーの中で一番利用されたのが原油でしたが、約二百年後には少ししか出なくなり、石炭のある国は石炭を使い、水素などを使ったエネルギーで車などを走らせておりましたが、空気中に炭素が増えすぎているので、今では酸素を使った焚き火なども禁止され、車は軽い乗物に変わりました。そして、炭素は光合成により海で吸収されていると思いますが、万が一、海が何らかの理由で炭素の吸収をやめたら、酸素ボンベの取り合いになるかもしれません。ですから、今回ベリー星に来たのも、ベリー星では、どのように公害に取り組んできたのか知りたいというのが、一つの目的だったんです」と博士は返答した。

◎学校で宇宙の説明

今度はゾウ君が「宇宙はどうして、できたんですか?」と質問した。「今回、こうして九千兆の一兆乗光年の先の地球から来たのですが、**宇宙は果てしなく続いております。どこまで行っても空間があり、星があり、ガスがあり、隕石があり、ブラックホールがあります。そして、すべての星などの物体は動いておりますから、宇宙空間で衝突を繰り返しております。この衝突の繰り返しは、無限代の時代から繰り返されてきましたし、これからも、永遠に果てしなく続きます。星が無限にあるということは、我々人間の住んでいる星も無限にあるということなのです。**そして、このベリー星も永い年月のうち、他の星と衝突をしたり、ブラックホールに飲み込まれたりします。いろんな星や隕石やガスなども、どんどんブラックホールは飲み込んでいきます。そして引力がどんどん増えていき、それに比例して、どんどん質量も増えていきますが、どれだけ増えても、中心の直径は逆に、どんどん小さくなります。一ミリの百分の一、一ミリの千分の一というようにどんどん収縮するのです。それは土や鉄だってセラミックスだって、われわれの体だって、分子や原子でできているからです。このベリー星だって分子や原子で

圧縮引力未元素質量核融合
反応が七五%で原子核融合
反応が二五%の光陽星
あれが圧縮引力未元素質量の融合反応か

出来ている星々を巨大な質量を持ったブラックホールに強力な引力によって収縮して破壊され、分子や原子も破壊され、どんどん小さくなって、しまいには直径一ミリ以下の大きさになってしまうのですが、これらの星々や隕石などを飲み込むことで、引力が増えていきます。そして、この直径一ミリ以下ではあるけれども、このベリー星のような星を何億個飲み込んだブラックホールや何千兆個飲み込んだブラックホールや、中には、何無量大数個という信じられない程の星々を飲み込んだブラックホール同士が秒速十～一千万キロメートルで衝突をします。そうしますと超大爆発をして、宇宙空間にバラバラになって四方八方に飛び散ります。そして、所々で星が形成されていきます。元の分子や原子に戻ろうとして、一億～三百億年ぐらいの圧縮引力未元素質量融合反応を起こした後、溶岩の塊になり、表面から冷えてきて、水素分子や酸素や炭酸ガスがある星では、海ができてきます。このベリー星よりはるかに大きい光陽星は、恒星と言って、圧縮引力未元素質量核融合反応で、このベリー星に光を放っています。その光と、炭酸ガスで、光合成生物が生まれます。そして、何十万年が過ぎて、植物や動物が進化して生まれてくるのです」

　博士の解説に、生徒達は何となく分かったような分からないような顔をしていたが、チュウちゃんが「圧縮引力未元素質量って何ですか？」と聞くと、佐藤博士は「これは、鉄とか金とか石とか君の体とか、この木とか水などは分子や原子から出来ていて、すべての物質が強力な引力で押しつぶされ、無元素になったのがブラックホールなんだけど、このブラックホール同士の衝突の時、大爆発をして今まで閉じ込められ無元素になっていた物が、元の鉄の原子や金の原子や水の原子など、今まで飲み込んだすべての物質の原子が元の原子に戻ろうとして、核融合反応を起こすんだよ。そして、百五十億年ぐらいの圧縮引力未元素質量融合反応を起こした後で、核融合反応に変わり、その後、溶岩マントルになり、元の鉄や金や石など、すべての物質が元の物質に蘇るんだ。つまり……」と言ってから、窓の方を指差し、「圧縮引力未元素質量とは、光陽星の光を出している元なんだよ。あの光の火の玉の部分に強力な引力が働いていて、その中に、今までたくさん飲み込んだすべての星が無元素でつまっていて、核融合反応を起こしているんだ。そして、光が弱くなった時は、核融合反応に変わったんだよ。分かってもらえたかな」。すると、「あの！　直計一ミリ以下の大きさ同士のブラックホールが衝突するっていったって、すれ違うことにならないんですか？」とコンちゃんが聞いた。博士は「なかなか良い質問だよ！　これはね！　磁石と磁石が引っ付くのを知っているだろう。お互いのブラックホール同士が引っ張り合うんだ。だから、衝突しやすいんだよ。ただし、光陽星のような大きな星を何兆個も飲み込んだ巨大質量のブラックホール同士なら、他の星の引力で振り回されることはほとんどないので、九九％衝突しますが、質量の軽いブラックホール同士だと、他のブラックホールの引力や銀河などの引力に影響されて、衝突しないことも多いですね」と答えた。そこで、コンちゃんはそのことを家に帰ってから両親と話し合った。

◎暴力島

翌日、博士ら一行は、暴力島に出向いた。ここは、相手が悪くない場合に相手をぶん殴っても、本人は悪いことをしたと思わないので、脳細胞悪思考破滅機にかけても効果がない人達ばかりが集められて生活をしている島である。博士達をガードするために、拳銃を持ったライオン君とかゴリラ君とかが護衛に付いている。この島は弱肉強食の世界だ。子供でも、親が手に負えないと両親が警察署に連絡し、調査をした後で、この島に運ばれてきたりする。ここに連れて来られると、たとえ殺されたとしても、負けた方が悪いのだ。犯罪者もよく送られてくる。普通は良い所だけを案内するのだが、「それ以外の場所もどうしても見てみたい」との博士らの依頼で、このベリー星の暗部も見て回ることになった。博士ら一行は、防弾ガラス付きの車で島を回った。島と言っても、直径千平方キロメートルもあり、そこには、一億もの人が生活をしている。ライオン人間なら、二十人ぐらいで本国から送られてくるし、モンキー人間は、モンキー人間村と取り決められた村に、モンキー人間同士五十人が送られてきた。その中で一番腕力のあるモンキー人間が集まって、集落を作っていた。暴力島以外の一般人の生活では、ライオン人間も、モンキー人間も、一つの家族は一緒に生活をしている。そして、一つの集落の中に、象人間の家族やキリン人間の家族がいたり、その隣がリス人間だったりと、バラバラである。ところがこの暴力島では、集団ごとに生活しており、生活システムが大いに違っている。また、暴力島以外の人達は一般に警戒心も薄く、素朴で人なつっこい人が多く、おおらかであるのに対して、暴力島の人達は、毎日緊張に満ちた生活をしている。それは、ちょっとした油断のせいで殺されたり、物を盗まれたりするのに、それを取り締まる人がいないので、自分の身は自分で守るしかないからだ。住民は、自給自足の生活が基本だが、各集落に鉄筋コンクリート造りの倉庫が建っていて、本国から送り込まれた古着や、まだ使えるゴミとして捨てられた物が保管してあり、島民に分けるようにしてある。そして、島の管理費の分は、島に檜(ひのき)を植林して、枝打ちなどをして、直径十二センチの柱が取れるようになったら、秋の終わりの寒い時期に切り倒し、三ヶ月後に車に乗せて運ぶ。その頃には、木から水分が出て軽くなっているので、家を建てた後でねじれることがないのだ。そして、約六十㎡と九十㎡の家が建てられるように刻んでから、本国へと運ぶ。余分な木材は倉庫で保管される。この島では、米も作られていて、余った分は本国に送られる。次に、博士ら一行は、暴力島に建っている空軍基地に向かった。すると、道の途中に大木が倒れていた。猿彦君とモンちゃんが、工具箱からノコギリを出して、切り始めた。

◎貴美さんとみどりちゃんが連れ去られる

みどりちゃんと貴美さんがおしっこをしてくると言って車から出た。猿彦君とモンちゃんが大木を切り終わり、道の縁(ふち)によけたので車に戻って来たのに、まだ貴美さんとみどりちゃんが戻ってきていない。不安になったので、博士と一郎君とワンちゃんが外に出た。警備のゴリちゃんとライちゃんは車の前で待っていたが、あまりにも帰りが遅いので、ワンちゃんが貴美さんと、みどりちゃんの匂いをたどって捜しに行った。しかし、貴美さんらのおしっこの匂いがする所にも、貴美さんもみどりちゃんもいない。その代わりに、そこには五人のハイエナ人間の匂いがしている。「しまった！　車から風下になっていて、匂いがしないので、つい油断してしまった」博士と一郎君が真っ青になった。ワンちゃんが、すぐ後を追いかけると、警備員のライちゃんや博士ら一行も後を追いかけた。四キロメートル程追いかけたところ、そこにはハイエナ人間の集落があり、その中の一軒家で、貴美さんとみどりちゃんの匂いを強く感じた。ワンちゃんが「この中におる」と言って指を差すや、ライちゃんが拳銃を構えて家の中に飛び込んだ。後に続いて、博士らも家の中に入った。貴美さんとみどりちゃんはヒモで体を縛られていて、二人のハイエナ人間が貴美さんらの喉に尖ったガラスを突き付けていた。そばには自分達が作った槍や弓で身構えている。ライちゃんが「手を上げろ！　武器を離すんだ！」と怒鳴った。親分が「なにを言っている！　この女と子供がどうなってもいいのか！」と言うと、一瞬緊張が走った。双方が睨み合う。ゴリちゃんが叫んだ。「武器を捨てろ！」

◎ハイエナ人を説得できず

「今、人質を離せば、反省島で暮らせるんだ！」とゴリちゃんが言うと、「うるさい！　俺達は命がけだ！　お前達こそ武器を捨てるんだ！」と親分。そこで博士が貴美さんらが死ぬようなことになったら大変だと思って、「君達は、どうしてほしいんだ？」と聞く。すると親分が「現金三億円と、一キロ金の延べ板を千キロと、車五台と、拳銃と自動小銃十五丁と、実弾三千発分と、ハムとか缶詰めとか、ビールとか、色々入った車を用意しろ！　それから、お前も人質だ！　あと、この近くのエス軍事基地を開放してもらおう。そこを俺達の住まいにする」と答える。普段冷静な博士も、この異常事態には困ってしまったが、「何とか良い方法はないものか？　そうだ確か猛毒クマンバチのおるはずのオオラ星に連れて行ったら何とかできないものか？」と思ったので、「君達は、この島にいたって自由に動けないのだから、それより、僕らが乗ってきた宇宙船に五年分の食量を積んで、オオラ星に行けば良いと思うんだ。そこで、米とか野菜なんかができる種も、宇宙船に積んであるから」と言うと、「オオラ星には猛毒クマンバチがおるだろう」と親分が答える。「よく知っているね。だから、その猛毒クマンバチの毒素を無毒にし、攻撃的にするのを防ぐウイルスの入れ物があるから、それを積んで行ってオオラ星に撒くん

〈ハイエナ人 ― 夜でも遠くが見えます！〉

だよ。そうすれば、一週間後には、毒のないおとなしい蜂に変わるんだよ」と博士が言うと、目の優しいハイエナ人間が、「僕も本で読んだことがあるよ。ベリー国では昔から研究していて、完成はしているんだけど、オオラ星まで行くことのできるロケットがなかったんだって」と言うと、親分が「お前はだまっておれ！　さあ、銃をよこすんだ！」と言って、手を出した。博士は「それはできない！」ときっぱりと言った。そうすると、横着そうなハイエナ人間が前へ出て来て、ゴリちゃんの銃をつかもうとしたら、ゴリちゃんが左手で腕を握って、勢いよく引っ張った。ゴリラ人間になって、握力が五百キロメートルに落ちたとはいっても、普通の人間は四十キロメートルなのだから、たまらない。「ギャー」と叫んだと思ったら、腕がもぎ取られていた。目の前に、そのゴリラ人間が四人と、それよりこわそうな、ライオン人間が三人と、博士ら四人が全員銃を構えているので、気の弱そうなハイエナ人間の足が震えている。それを見て親分が、「ヨシ！　今、言ったとおりオオラ星に行こう」と言った。宇宙船の手前まで来て、食料とクマンバチの猛毒を無毒にするウイルスのビンの箱を積んだのを確認してから、博士が「もう、必要な物は積み終わったから、あとは、僕が人質になるから、二人を解放してくれ」と言うと、親分が「だめだ。二人とも連れて行く」と言う。そこで博士が「じゃ、せめて貴美さんだけでも釈放してくれ」と頼んだところ、そばにいた亀ちゃんも「俺が人質になるから、一人だけでも釈放してくれ」と頼む。親分が「分かった。亀よ！　こっちへ来い」と言い、亀ちゃんが貴美さんと入れ代わって、マーチャン号に乗り込んだ。みんなが心配そうな顔をしていた。

◎マーチャン号オオラ星に着く

宇宙船は、ゆっくり動いたと思ったら、一瞬のうちに姿が消えていた。そして、オオラ星の上空を猛毒クマンバチの解毒ウイルスを撒きながら飛んでいた。ハイエナ人間達は、飛行機でさえ乗ったことがないので、窓の外をじっと見入っている。「いったい、ここはどこなんだ」と親分が聞くと、「ここは、もうオオラ星の上空を飛んでいるんだよ」と博士。親分が「何言っているんだ！　まだ一分もたってないやないか？」と言い返すと、博士が「この宇宙船は、一瞬のうちに飛ぶことができるんだよ。よく見ると、ベリー星と違うだろう」と言う。すると、ハイエナ人間は全員だまってしまった。みどりちゃんと亀ちゃんは今まで一度も経験したことがない風景が次々と現れたので、自分達が人質に取られたことも忘れ、一生懸命、外の風景を見て感動していたのだ。翌日も自動操縦でマーチャン号は飛んでいた。博士と、みどりちゃんと亀ちゃんも眠っている。縄で縛られていた時は恐くて仕方なかったけれど、縄をほどいてもらった上、大好きなパパや亀ちゃんがそばにいるので、安心して眠りにつけたというわけである。

親分が博士らの眠っている姿を見て、「運転をする者が誰もいないのに、こんな上空を安定して走っているなんて。それに、えらく遠くから来たのに、我々と同じ話し方をするし、顔も我々と違うな」と不思議がっていた。そして、外の姿を見ていると、川の前方に何やら光っている物が見えた。親分が「誰か博士を起こせ！」と命じると、痩せぎすの男が博士の体をゆすって、「起きろ！」と叫ぶ。博士が目を覚まし「何かありましたか？」と聞くと、親分が「あの、前で光っているのは何だ？」と聞き返す。そこで、博士は親分の指の先を見ると、オオラ星の地表に黄金色に光っている物があるではないか。

「あれは、金塊が光っているのじゃないかと思います。五億年以上前には人間が住んでいたと猿彦君が話してましたが！」と博士が答えると、親分が「ヨシ！　確かめてみる。あの近くへ行け」と命令した。マーチャン号が金塊の手前に行くと、本物の金塊だと思った親分が、「着陸しろ」と怒鳴った。そして金塊より三百メートル手前に着陸した。親分が「外へ出ても大丈夫か？」と聞くと、「猛毒クマンバチは一週間後に毒気がなくなるから、一週間後に外に出た方が安心だと思いますが」と博士。親分が辺りを見渡すと、宇宙船の回りは雑草が生えていて、遠くに山が見える。ちょっとの間なら良いだろうと思った親分が「ドアを開けろ！　誰か四人ばかり、こいつらを見張っておれ！」と言って、表に飛び出した。見張っている二人がドアの外に手を伸ばし、気持ち良さそうな親分達の姿を見て、「自分も早く外へ出たいなぁ」と思って、外を眺めていた。

◎子分の裏切り

親分達が金塊を持ち上げた頃、宇宙船に乗っていたあとの二人が、兄貴風のハイエナ人間の脇腹を槍で刺した。ハイエナ人間は「ギャー」と悲鳴を上げて、表へ飛び降りた。目の優しいハイエナ人間が「早く逃げて！」と叫ぶ。一瞬の出来事に博士も気が動転しているところへ、ハイエナ人間が「あいつらが来ないうちに早く飛び立って！」と叫んだ。博士が慌てて操縦席に座って、エンジンを掛けた。宇宙船はゆっくりと飛び立った。目の優しいハイエナ人間が「兄貴風の男達に毎日のように殴られていて、うんざりしていました。自分達も本国にいた頃は、毎日のように弱い人達を殴っていましたが、その時は、相手が痛がるのが、とても面白かったんだ。ところが、暴力島へ連れてこられてからは、今度は、自分の方が毎日殴られることになって、昔、酷いことをした人に悪かったと思って、反省しているんだ」と話した。それから博士は、「確か、オオラ星には、地球人と同じ顔をした人間が住んでいたと聞いたけど、はたしてまだ生きているか調べてみよう」と思って、オオラ星の表面の生物をコンピューター映像で見がてら、ゆっくり飛んでいました。すると猛毒クマンバチの集団が写し出された。しばらく走っていると亀ちゃんが、「わしとよく似たのが写っているよ」と言った。この星の亀のガラス甲羅は溶けなかったので、今まで生き延びてきたのである。それからベリー星に連絡を入れて、無事に助かったことをくわしく説明しがてら、五時間ばかり飛んでいたら、大きな島が見えてきた。

◎オオラ星の安心島へ着陸

陸地に差しかかると、木造の家や煉瓦の家が見える。表には子供達が遊んでいて、農家の人が手で田植えをしている。機内に通信が入った。「この星で初めて空を飛んでいる物体を見ましたが、あなた方は、どこから来ましたか?」。そこで博士が「えっ! 我々は、想像を絶する遠い地球という星から来たのですが、あなたはどこの方ですか?」と聞くと、「こちらは、オオラ星の安心島の管制管の見田と言います。宇宙の彼方から来られたのですか」との答え。博士が「ハイ! 先に、ベリー星に着きました。ベリー星の人達が言うには、『今から五億年前に、オオラ星の人達が猛毒クマンバチにやられて、一つの島に逃げ込んだ』と書いた紙の入ったビンを見つけたというので、今、その猛毒クマンバチが無毒になるウイルスを撒いて来たのです」と言うと、見田が「えっ! そうすると猛毒クマンバチがいなくなるんですか?」。「ハイ! 十日たったら無毒のクマンバチに変わるはずです。それから見に行きましょう。それより、大きな塔が見える南三キロメートルの所に広場が見えますが、あそこへ着陸してもよろしいでしょうか?」と博士が聞く。こうしてマーチャン号が着陸すると、島民が全員集まってきた。

「こんにちは! 安心島の小海首相です」と言って握手をした。博士が「それにしても我々地球人と、まるきり一緒ですね。顔形や言葉まで。我々の住んでいる地球と余りにも似ているので、びっくりいたしました」と言うと、小海が「いや! ワシもびっくりですわ!」。そこへ、ハイエナ人間がペコンと頭を下げて、「僕はハイエルです」「私はハイナミです」と挨拶すると、今まで見たこともないハイエナ人間に、総理はびっくりして、「あなた達がベリー星の方達ですか」と聞く。ハイエルが「はい! そうです」と同じ言葉で話すので、またもや、びっくりしたところ、ハイエルが「このように話ができるようになったのも、五億年前我々が四つ足で歩いていた頃、あなた方のご先祖様がロケットでベリー星に脳細胞が増える物質と、言葉や歌の入ったテープやCDを送ってくれたおかげなのです。それを基本に取り入れまして、このように話すことができるようになったのですから」と話すと、総理も感動していた。総理と博士一行が歩くと、両側が開いた。そこを博士らが右手を斜めに上げて歩いていくと、並んだ人達が両側から赤の日の丸が七個並んだ旗を振っている。みどりが「日本の旗によく似ている」と目をパチクリさせた。

三百メートル程歩くと演芸などをやる野外舞台があった。総理が博士ら一行に「みなさん、どうぞ、お上がり下さい」と言ってから、学校の先生が持ってきたマイクを握ると、次のように話した。「えっ! 本日ははるばる、宇宙の彼方から宇宙船に乗って、このオオラ星にお越しいただきました。そして、永い間、我々を苦しめてまいりました猛毒クマンバチが、MDウイルスによって無毒になるには、あと十日ばかりかかるそうですが、この宇宙船で確認してもらってから、大陸に少しずつ移動したいと思います。まず、十名の人が大陸をすみずみまで確認してからでなければなりません。なぜなら、たとえ十匹でも猛毒クマンバチが残っていて、刺されることになれば、大変なことになるからです。その間に、このオオラ国でも遠方の宇宙から来られた博士に、猛毒クマンバチが無毒になるウイルスの作り方を聞いて、製造しておかなければなりません」

◎オオラ星で宇宙はいつどのように出来たかを説明する

「また、宇宙はいつ、どのようにできたかを、お聞きしたいと思います」と言って総理がマイクを博士に渡すや、われんばかりの拍手が起こった。そこで博士が「こんにちは！　佐藤秀春と申します。オオラ星のみなさん。僕達は地球という、このオオラ星から、九千兆の一兆乗光年という信じられない程遠い所にある星からやってまいりました。夜、宇宙天体望遠鏡で見ましても、二百億光年までしか見ることができません。それは、たくさんの星が集まった遠くの銀河が二百億年間、圧縮引力未元素質量核融合反応や原子核融合反応をして、光り輝いて、このオオラ星に届くのに、二百億年の寿命の銀河では二百億年かかります。しかし、その向こうにも、無限に銀河や星があります。しかし、その銀河の光は、このオオラ星には届きません。このように、広大宇宙には、角度によって一千兆光年も暗闇ばかり続いている場所がありますが、その向こうではまた、星の集団に出会うでしょう」と演説をした。

◎惑星の鉄も、いずれ他の惑星の鉄になって蘇ります《宇宙のビッグバン》

「広大宇宙には、たくさんの星々を飲み込んだ巨大質量を持ったＢＨ同士が秒速百万キロメートルのスピードで衝突したりしています。その時の超大爆発はすごいもので、銀河が一千兆個一度で誕生することもたくさんあります。このように大爆発をして、四方八方の宇宙空間に飛び散って行きます。そして、飛び散った圧縮引力未元素質量核融合反応したり、速く原子になった元素も核融合反応を起こします。そして、あっちこっちの引力を持った火の玉に引っ張られて、**星が誕生していきます。**こうして、宇宙空間には、たくさんの超巨大質量を持ったＢＨができます。それは、強力な引力で、このオオラ星のような惑星を、何千兆個よりもはるかにたくさん飲み込みます。それに、このオオラ星を照らしている、輝々星のような恒星も、何千兆個以上飲み込みます。もちろん、宇宙空間のチリやガスも飲み込みます。

　そしてＢＨの直径一ミリ以下の中心部分は星々を飲み込む程引力が強くなるので小さくなるんです。つまり、金属でも、石や土でも、この体でも、水でも分子でできています。その分子を分解しますと原子で出来ています。その原子は原子核と電子で、できています。また、原子によっては、陽子や中性子を持った物もあります。これらの、全ての原子は強力な引力で押しつぶして破壊され、どんどん収縮して、しまいに一ミリ以下になってしまいます。だけど、重量と言いますか、質量と言いますが、星を飲み込めば、飲み込む程、質量は大きくなります。そして、収縮するほど自転速度を増します。自転が速くなるとＢＨの周辺の引力の圧縮原子部分が光のスピードより速くなって、電気を南北に放射させます。そして、この**巨大な引力を持ったＢＨ同士の衝突が、広大宇宙では毎秒何千兆個以上のＢＨ同士の衝突が**

繰り返されているのです。何千兆年の何千兆乗年よりも、ずっと前から、そうです！　無限代の時代から繰り返されてきました。そして、これからも、無限に繰り返されていくことでしょう。ここにある、この金貨も、と言って、一〇円玉を取り出し「このまま、ここに置いていきますと、酸化してボロボロになり雨水に流され海に行きます。そして、永い年月がたてば、海の水に溶けて肉眼では見えなくなりますが一個の鉄の分子として残ります。さらに年月がたつと原子になり他のBHなどに飲み込まれなかったら何穣年後に無原子になりますが、超微量の質量が残ります。そして、これらすべてを飲み込んだ巨大質量のBH同士の衝突の時、元の鉄の原子や分子に戻ろうとして、百六十億年も圧縮引力未元素質量核融合反応をした後で、比重の重い核融合反応をして、比重の軽い核融合反応に変わり、鉄の分子や原子に変わるのです。核融合反応の時でも、溶岩になっている時でも、鉄の原子は鉄の原子同士が引っ付こうとします。だから、冷えて固まった時には、たくさんの鉄の原子や分子が集まっています。このようにして、星が持っていた金属や土や、砂や空気や、水も、**今まで飲み込んだすべての物質が、百七十億年後には、元の元素に蘇るのです**」。

　もう一度十円金貨を取り出して、「この金貨の原子は、百七十億年後に他の星の中で再び蘇るのです。また、宇宙には、照照星のような恒星同士が衝突をして、核融合反応をしたり、オオラ星のような惑星同士が衝突をしたり、銀河同士が衝突をしたりと、千差万別の衝突が、宇宙では繰り返されています。このように宇宙には、たくさんの星々がありますが、星と星の距離は余りにも遠いので、他の星へ、簡単に行くことはできません」と博士は話した。

◎悪いことへの反省

「私達は、まずベリー星に着いたのです。この右側におりますのが、ベリー星のハイエル君です。一言挨拶をしていただきます」と博士が話すと、ハイエル君が緊張した顔で「オオラ星のみなさん、こんにちは！　僕はハイエルと申します。ベリー星の学校では、弱い者をいじめてばかりいました。それが悪いことだとは思いませんでした。そして、警察に連れられて、暴力島に移されました。そこは、弱肉強食の考えを持ったハイエナ人の集団の村でした。その島へ、博士ら一行が見学に来られた結果として、我々はここにいるわけです」と言って、右手を指差し、「亀太郎君と、みどりちゃんを誘惑したんです。そして、仲間十五人と宇宙船に乗り、オオラ星に着きました。そして金塊を見つけたので、宇宙船を着陸させせました。そして、僕ら二人と兄貴分二人が見張り番をするということで、親分達は金塊の近くまで歩いて行きました。そのスキを見て、兄貴分を槍で刺しました。そして、博士らに逃げるように言ったのです。このような気持ちになったのも、毎日のように兄貴達に殴られていて、殴られる人の気持ちが分かったからです。昔、殴った人には悪かったと反省しています。猛毒クマンバチが無毒の蜂になれば、大陸に行って、仲間を逮捕して、裁判にかけて下さい」と言った。

　総理が「分かりました。我々の国は、一般の人達が安心して生活ができるということが基本になっております。もしかしたら、その人達がいかだを組んで、この島へ来て悪さをする可能性もあります。これは、我が国の非常事態になるかもしれませんから、その場所を教えて下さい」と言ったので、秘書が持っていた地図を広げた。博士が「この島から、約三十キロメートルの地点です。彼らは歩きです。武器は、槍と弓とナイフです。普通に歩けば一ヶ月はかかると思いますが、こちらに直線で走ってくれば、二週間で着くかもしれません」と言うと、総理が「裁判長と裁判官二名は、ここへ来て下さい」と言って、手招きをした。「これから、略式裁判を行います」と言って、この場で裁判が始まり、ハイエナ人間は全員死刑と決まった。「これから射殺をしに行くことになりました。反対意見の人がおれば、前に出て来て下さい」

◎どんな悪党でも、裁判を受ける権利がある

三十五人の人が舞台に上がって来て「本人達を捕まえてから裁判をするべきだ！」と言った。総理が「今、十三名のハイエナ人が死刑に決まったのは、貴美という若い女性と、前にいるみどりちゃんを連れ去り、金品と武器を要求し、亀太郎君らを人質にして、このオオラ星に来たからなんだ。一歩間違えれば、ここに見える三人の命が無くなっていたばかりか、この安心島の人達にも、危害が及ぶ恐れがあるのですよ。それでも、『彼らを捕まえて来て、裁判にかけよ』と言うのかね」と言った。「悪いやつには違いないけど、彼らにも裁判を受ける権利があるし、まだ、一人も人を殺していないのだから」と、三十五人は反論した。こうして意見が分かれたので、総理が「とにかく、危険がいっぱいな大陸のことを、この島の警察官に依頼することは、ワシとしてはできない。そこまで言われるなら、あなた達が彼らを捕まえて、この島まで連れて来てくれないか。そうすれば、裁判にかけましょう」と言うと、「我々は、何の武道も知らないし、弓や槍も使ったことがない」と三十五人が言うので、総理が「それなら専門家に頼んで、今から十日間、軍事訓練をいたしましょう」ということになって、ハイエル君を

含めた三十六名が、十日間の訓練に臨んだ。十一日後に出発の準備を整えて、船に乗り込もうとしたら、「朝から腹が痛くなった」とか「頭痛がする」とか言って、三十五人のうち七名が、船に乗らなかった。

◎悪党ハイエナ人の逮捕に出発

船には、リヤカーとかテントとか、缶詰めなどの食料品とか、医薬品類とか、武器類なども積んで出発し、大陸に着いた。陸地はジャングルになっているので、荷物は七台のリヤカーに積み、各二人がリヤカーに巻き付けたロープで砂浜を引っ張った。二キロメートルばかり歩いたところで、原野と雑種地のような所が見えたので、そこから行くことにした。先頭を歩く者は、ナタとノコギリと、取っ手の長い鎌で、歩ける道を作りながら進んだ。大友君は望遠鏡で見て、どの方向に行けば歩きやすいかを調べる。他の者は木を切って、背の高さの杖を作った。草木が茂っている所では、一メートル先が崖になっていたりするので、杖で下の土を確認しなければならない。特に日が沈む前に、寝る場所を確保しておかないと危険だ。というのも、明るいから、まだ先へ進めるからと思っていても、日が沈んだとたんに一気に暗くなるからである。それに、毒ヘビが出た時に叩くこともできるので、杖は便利だ。そして、毒虫などにやられないように、長袖のシャツと長靴を履いている。方向は、照照星の光で、十二時を南とし、朝は東、夜は西といった方位に基づいて進む。一番後の花尾君は大股で歩いて、一歩が一メートルと計算して、約何キロメートル進んだかを計算する。今日は、一キロメートル進んだところで、隊長の石上君が「ここで寝ることにする」と言うので、テントを張り、ゴザを敷いて食事にした。長い年月のうちに、大きな動物はみな猛毒クマンバチにやられてしまったためか、出くわさずに済んだ。今までやったことのない作業が続いたので、みんな、心身ともに疲れきっていた。隊長が「帰りたい者は帰れ」と言おうものなら、おそらく半数の人が、引き返したことだろう。寝る時は持ってきた蚊帳（かや）を張った。翌朝は、昨日来る途中に生えていたのを採ったキノコ類や山菜を入れた食事だった。水谷君は殺したヘビを焼いて食っている。杉田一組班長は、すりキズを舌でなめながら食事をしている。十五日目からは隊長の命令で、夜は見張り役をつけた。

◎安藤君がハイエナ人に連れ去られる

二十五日の昼頃、食事が終わって出発しようとしたら、田所君が「安藤君が見当たりません」と隊長に報告した。十五分待っても帰って来ないので、四人ずつで組んで捜すことになったが、三十分間捜しても見つからなかった。隊長は安藤君が連れ去られたのだと悟って、愕然とした。そこで、腕の達者な者を五名選んで、後をつけることにした。残りの者は「荷物を引いて、後から付いて来るように。所々に木に印をつけていくから！」と言って、ハイエル君を先頭にして、急いで後を追った。辺りが暗くなりだしたので、水谷君が「今日はここらで休んで、明日、追いましょう」と言うと、隊長が「なにを言っているんだ！　早く見つけないと殺されてしまうぞ！」と言い返して、懐中電灯を灯しながら、懸命に追った。

安藤君を連れ去ったハイエナ人のモクトが「お前らは俺達を捜しに来たんだな？」と言うと、安藤君が「そうです。島の裁判ではあなた達を処刑すると言ったのを、僕達があなた達にも裁判を受ける権利があるから、と言ったのです。そうしたら、僕達が、あなた達を捕まえてくれれば裁判をしようということになったのです。幸い、あなた達は、まだ一人も殺していないのだから。そう、罪は重くないので、自首をして下さい。そうすれば、もっと、罪が軽くなりますから」と答えた。ホリカが「それで、お前達は何人で来ているのだ！」と聞くと、「二十九人です」と安藤君。バヨロが「銃は全員持っているのか？」と聞くと、安藤君が「いいえ！　五丁だけです」と答える。バヨロの「銃の玉は、何個持ってきたのだ」という質問には安藤君が「全部で五十発です」。モクトが「ワシらとよく似たハイエルらも、一緒か？」と聞くと、「ハイ！　来ています」と安藤君。ホリカが「親分どうします？」と聞くと、親分が「こいつも拳銃を持っていたから、あと四丁だ。こいつを裸にしろ！　実弾も持ってるはずだ！」と指示する。シンマが「親分！　実弾がありました」と言うと、親分が「よし！　おれが持っておこう。それから、ここで、こいつを殺すんだ」と言うや、モクトとホリカが安藤君の腹へ、ナイフを突き刺した。「ギャー！」と言って、安藤君が転げ回っているところへ、シンマが安藤君の頭の毛を持って、ナイフを首に突き刺した。安藤君が、ウーと唸ったかと思うと、バッタリ倒れた。親分が「こいつを三百メートル先に引きずって行け！　ワシら全員、あの崖の上に上がるんだ。そして、ハイエルだけは何がなんでも殺すんだ。ハイエルさえいなくなれば、臭いでワシらを追いかけることはできないだろうからな」と言うと、全員で、崖の上で作戦を練った。しばらくすると、遠くの方に明かりが見えだした。親分が「よいか！　まず、ありったけの弓矢を引くんだ。そして、やつらの拳銃を奪うんだ！　作戦が終わって、親分らがばらばらになったら、明日の暗くなった時、例の金塊の所に集まるんだ。夜は、やつらは明かりがなければ見えないんだから、今夜が勝負だ！」と言うと、みんなは息を潜めて茂みに隠れた。

杉田君
一班の班長
教師

大友君
一班
農家の息子

石上隊長
鍛冶屋の主人
加奈ちゃん

花尾君
一班農業の手伝い

安藤君
一班
印刷会社の社員
連れ去られる

水谷君
一班
漁師

◎石上隊長ら全滅

待ちぶせされているとは知らずに、石上隊長一行がハイエル君を先頭にして近づいて来た時、水谷君が「草に血の跡がある！」と言って前方を見た。すると裸で倒れている人がいるので、「安藤君が！」と言って走りだした。あとの五人も後を追った。ハイエル君が「崖の上の方に、ハイエナ人の臭いがする！」と大声で怒鳴ったが、一行には聞こえなかった。ハイエル君がみんなの後を追って「罠だ！　止まれ！　引き返すんだ！」と懸命に走りながら、大声で怒鳴ったが、間に合わず、水谷君が安藤君の三十メートル手前まで来た時、一斉に弓矢が飛んで来た。親分ら四人はハイエル君に近づき、弓矢と拳銃を撃ちまくった。ハイエル君が「ギャー」と言って倒れた。すかさず親分らは石上隊長らに弓矢を放った。なんせ辺りは暗闇だし、ハイエナ人にすれば隊長らが懐中電灯で照らしていたので、隊長らの位置がはっきり分かるし、それでなくても彼らは暗闇でも相手が見えるのだから、はなから勝負にならない。ヨミカ一人を拳銃で倒しただけで、全員がやられてしまった。それに、拳銃と実弾と弓矢まで取られてしまった。そして、苦しんで、うめいている者は槍で刺されてしまった。

◎杉田班長ら道に迷う

班長の杉田君が先頭になって、懐中電灯を照らしながら、後を追っていた。木に貼ってある印のテープが二本は見つかったが、三本目がなかなか見つからない。とにかく西に向かって行けば良いのだからと思って、西に進んでいるつもりが、いつのまにか、南の方へどんどん進んでいた。しかし結果として、そのおかげで、この場は命びろいをしたのであった。あのまま暗闇を西に向かっていたなら、全員やら

古川君
一班
自転車の販売修理

吉田君
一班
教師

竹井君
一班
本屋さん

浅井君
一班
呉服店主

岡部君
一班
建築設計士

久保君
一班
八百屋の主人

れていただろう。照照星の光が差して来て、「班長！　どうやら、南の方へ歩いて来たみたいですよ！」と竹井君が言った。「しまった！　テープが見つからなかったので、一応、西に向かって行けばいいと思ったので、来てみたんだけど、失敗した」と杉田班長が言うと、吉田君が「どうします？」と聞く。杉田班長が「隊長が我々を探していると思うので、我々の班は、テープのあった場所まで戻る。可能班と久野班は後から来てくれ！」と指示を出し、可能班長も「よし！　分かった！　三班のリヤカー組と一緒に行くから！」と同調する。可能班長が「ヨシ！　みんな、後を追うぞ！」と言うと、山下君が「もう！　腹ぺこだから、飯を食いがてら、後を追うので、パンと水を出してくれ！　糞もしたいし！」と応じる。水島君が「俺も！」と言うと、可能班長が「久野班長！　パンとお茶を出してくれ！　歩きがてら食べて行くから！　糞は一分以内で済まし、後を追ってくれ！」と指示を出す。水島君らが、ハイエナ人に襲われたらいけないので、パンと、お茶の入った袋を手に持って、その場で用を足した。そして、六人が後を追った。パンをかじりながら、リヤカーを引いて後を追った。みんな、今まで経験したことがない出来事が起こっているので、ゆっくり考えることもできず、緊張した状態だった。その時、山下君が「彼らは鼻が利くし、暗くても見えるんだから、それに沿った作戦を立てた方が良いと思う。風が東に吹いているので、彼らより西に行ってから夜は休まないと危険だ！」と言う。可能班長が「その通りだ！　他にも、良い意見があったら教えてくれ」と聞くと、水島君が「この荷物は、食料だけじゃなく、やつらが弓矢を撃ってきても、また、やつらに拳銃を奪われても、防波堤の役目をすると思うんだ！」と答える。可能班長が「まさにその通りだ！　我々も荷物と一緒に行動するぞ！」と言った。

◎杉田班長死亡

杉田班長らが、元のテープの場所より三百メートル手前に差しかかった時、バーン、バーンと音がしたかと思うと、弓矢が飛んできた。「ウギァー、ウギァー」と悲鳴がした所を見ると、竹井君と杉田班長が転げ回っている。吉田君が弓矢を飛んで来た方向に放ちながら、杉田班長に近づいたところ、またもや、バンバンという音と一緒に弓矢が飛んで来たので、近くの大木に隠れようとした時、銃弾が脇腹に当って苦しんだ。「なんで、こんな目に遭わなきゃならないんだ！　何にも悪いことをしていないのに！」と思ったが、そのまま意識が薄れていった。他の者も、矢の飛んできた方向を確認してから、そばの木に隠れて一斉に弓矢を放った。山下君が「班長！　引き返しましょう！」と言うと、久野班長が「何を言っているんだ！　杉田班長らの加勢に行くんだ！」。山下君が「彼らは夜でも目が見えるんですよ。みんなが目隠しをしたら、僕一人でも勝つ自信がありますよ！　拳銃の音が聞こえたのだから、石上隊長らも全滅したと思ってもいいんじゃないですか？」と主張する。水島君が「ワシもそう思う。このま行けば我々も全滅だ！」と同調すると、可能班長が「分かった！　全員退却する！　とにかく明るくなるまで、急ぐんだ！」と命令を出した。

◎杉田班全滅

高木君らは、ハイエナ人に四方から囲まれていた。木の東側に隠れながら、西方から襲ってこないかと、槍を持って身構えていると、東方面にいたサクタとシリヨがジリジリ寄って来て、四メートル近くで弓矢を放った。二本のうちの一本が股に刺さった。高木君は矢の方向に懐中電灯を照らした。そこには、二人のハイエナ人が立っていた。痛いのを我慢して、二人に近づくや、槍をサクタ目掛けて投げつけた！　しかしサクタには当たらず、シリヨが「ギャー」と唸った。槍を取りに行ったが、サクタの弓矢が高木君の腹を貫いていた。高木君らは、矢がなくなると探しにくいが、夜でも目の見えるハイエナ人は、簡単に矢を拾い集めたし、臭いによってどこにいるのか分かるので、有利であった。そのせいで、杉田班は全員殺されてしまった。杉田班長は意識が薄れていく時に、彼らには裁判を受ける権利があると思っていたのに、何にも悪くない自分達が容赦なく殺されてしまうとは、つくづく自分の考えは甘かったと思いながら、息を引き取った。

◎可能班の作戦会議

　あれから南西に向かって進んで来たのは、風下に行くと彼らにたちどころに分かってしまうからである。日が差してきたので、「あの丘に陣地を取ることにしよう。あそこなら望遠鏡で敵が攻めてくるのが分かるだろう」と可能班長が言うと、瀬古君が「彼らは敵ですか」と聞く。「そうだ！　彼らに裁判をするようにと思ってきたが、こんな目に遭っては**きれいごと**など吹き飛んでしまったわ。何が何でも奴らを殺すんだ！」と可能班長。山下君が「じゃ、彼らが降伏してきたらどうします？」と聞くので、可能班長が「そうなったら奴らを捕えてワシが臨時裁判長になって、一分後に死刑を実行することにしよう！」と答えると、水島君が「もう！　判決は分かっているんですか！」と聞くと、可能班長が「彼らを捕えてちょっと油断したとたんに逃げられたら、夜になってから、こちらが全員殺されないとは言えないんだ。そもそも我々は、何も悪いことをしたわけじゃないのだから、一人も殺されちゃいけないんだ！」と言うと、山下君が「ワシも今はそう思う」。このような話をしていたら、丘に着いた。山下君が望遠鏡を見て「これなら日が差している間は奴らが来てもまる見えだ」と言って、可能班長に望遠鏡を手渡した。「オオ！　ここなら全部見渡せるぞ！　リヤカーには、あと二十七個望遠鏡があったはずだ。そのうちの三個を持ってきてくれ！　井原君、白島君、隈村君はこの望遠鏡で四方八方を見張っていてくれ。弓矢と槍は、いつでも使えるようにしてくれ！　牧本君、稲平君、梅本君は、弓矢と槍を持って見回ってくれ」と指示を出し、三班の作ったテントに入って、山下君、水島君、瀬古君、久野班長を呼んで作戦会議を開く。

山下君が紙を持って来て「木を切ってここに持ってきて、杭を打ってロープで縛り、敵が襲って来るのを防ぐようにする。ここには釣り糸で廻りを囲って、奴らが釣り糸に触ったら、こちらに鈴が鳴るようにする」と話すと、可能班長が「良い案だが、鈴は持って来てないぞ」と言う。すると、荷物を下ろした缶詰めを見た山下君が「缶詰めの空になったのを吊り下げたら良いと思います」と言う。可能班長が「そうしよう」と応じると、「リヤカーを空にして、木とか余ったテントの枠とかを使って、敵の弓矢を防ぎ、リヤカーが敵に近づいたら、弓矢を放つようにする。槍はリヤカーにロープで縛って蝶々結びにしておき、簡単に紐を引っ張るだけで槍を取り出せるようにする」と瀬古君が言う。久野班長が「ヨシ！　何やら勝てる気持ちになってきたで！　段取りができたら、みんなで予行演習しようや！」と言うと、可能班長が「なかなか良い案を出してくれてありがとう。昼間に十分な休眠を取るため、十人ぐらいが交代で眠気が出た人から十分に寝てくれ。今夜に備えて、遠慮なくぐっすり眠ってくれ！」

梅本君
二班
喫茶店のマスター

稲平君
二班
酒屋の主人

牧本君
二班
肉屋の従業員

井原君
二班
薬局店の店員

白島君
二班
土建会社の社長

隅村君
二班
金物店の息子

と指示を出す。そうして、夜が来た。

◎ハイエナ人との戦闘

カタカタ！　と音がした。「敵が来た！」ととっさに感じた可能班長が「起きろ！」と言って、隣に寝ている者の肩を強く叩いた。と同時に、昼間に予行演習していた作戦通り、懐中電灯を照らすや、二人が弓矢を肩に掛けたまま、十本の矢も肩の後ろに筒に入れたままで腰を下ろしていたので、立ち上がるや、前に木の防具がしてあるリヤカーをいっせいに押した。あとの二人は頭に取りつけてある懐中電灯を照らしながら、弓矢をいつでも放てるようにして後を追った。一台のリヤカーで四人ずつが音のした方向へ突っ込んだ！　そして、木の柵へ来るなり、柵に木が五本ばかり並んでいる所に身を隠し、隙間から弓矢を放った。弓矢の一部は、昼間に枯れ葉などを集めていた場所に矢に火をつけるために放たれた。その矢が当たって燃えたまま、ハイエナ人は転げ回った。浜野君は、帰る時の合図用に持ってきた三本の花火のうち、二本を敵に向かって打ち上げた。一本が木に当たると、ハイエナ人のギョッとした姿が浮かんだ。それを目掛けて、弓矢を一人当たり七本ばかり放った後、柵の紐を取って、リヤカーで突進した。途中で倒れているハイエナ人も、槍で突いた。死んだようになっているハイエナ人が「ギャー」と叫ぶ。ハイエナ人も弓矢と拳銃の音をバンバン鳴らした。瀬古君の股を銃弾が貫いた。「グウー」と堪えて、尻持ちをつきながらも、弓矢を放った。石田君は、右腕に矢が刺さったので、リヤカーに隠れて、敵のいる方に懐中電灯を照らした。そこにサクタがこちらに向かって弓矢を引いた時、梅本君の矢がサクタの腹に突き刺さったので、「ギャー」と言って、うめいた。そこへ、水島君が槍で首を突いた。牧本君が頭に取り付けた懐中電灯で照らしながら、走っている途中、つまづいて転んだ。足元に誰かが倒れているので、明かりを照らすと、稲平君が倒れていた。「おい！　しっかりしろ！」と叫んだが、返事がない。よく見ると、胸から血がたれていた。四百メートルばかり追いかけたところで可能班長が「止まれ！　退却だ！」と言うと、それを合図に、稲平君をリヤカーに乗せて身を隠してテントに向かい、途中で矢を拾いながら用心して戻った。一番あとの二人が元の場所に釣り糸を張った。

テントに戻ると稲平君のそばに見張り役以外のみんなが集まって来た。可能班長が「白島君を見なかったか?」と聞いたが、みんながキョロキョロ見て回って「見ませんでした」と返事をした。可能班長が「まだ敵をみんな倒したわけじゃないので、白島君は明日、日が照ってから探しに行くことにする」と言うと、久野君が「ぼくが探して来ましょうか?」と答える。「もし、君が奴らにやられたら、また、他の者が探しに行くことになる。しまいには全員殺されることにもなるんだ！　奴らを甘く見るんじゃない」と可能班長は言って睨みつけた。

◎怪我人の素人治療

久野班長が「森中君と都築君！　怪我の薬箱と包帯など一式を持って来てくれ」と言うと、森中君が「包帯と綿花は見つかりましたが、肝心の薬がありません」と答える。「じゃ！　遠藤君に紅茶を沸かしてやってくれ、その前に、お茶の残りを消毒薬にするから、薬を捨てずに、ヤカンのままで持って来てくれ」と久野班長が言って、怪我人五人のキズ口をお茶で洗った。都築君には「焼酎で、お茶が乾いてから消毒をするように！」と指示を出す。石田君の右腕から血が滴り落ちていたので、矢の刺さった所

可能君
二班の班長
計理士

水島君
二班
家具販売員

山下君
二班
電気器具販売店主

石田君
三班
生コンクリート
従業員

瀬古君
二班
農協職員

久野君
三班の班長
理容店
従業員

より上の方を紐でしっかり縛って血止めをし、「矢は奥が深いので、矢を抜くのは島に帰ってからにしよう」と言って、森中君には「コンニャクを温め、ショウガを摺ってくれ！」と指示し、うどん粉と味噌と蜂蜜と梅干しとショウガを摺ったのを練って、きざんだコンニャクを患部に貼り、応急処置をした。そうしたら、遠藤君が久野班長の耳元で「班長！　これ！　キズにキクんですか？」とささやくので、「ワシは試したことがないが、キクと思うことが大切なんだ！」と久野班長がぼそっと言うと、都築君が大声で「班長の親戚の子供さんが、この薬で、三日で怪我が治ったんですか？」と聞く。久野班長が「そ、そ、そうですよ。三日目には元気に走っていたよ。それから、一日一回取り替えてくれ！」と調子を合わせた。そして、石田君と瀬古君に「トイレに行く時などはけっして無理をせず、我々を呼んでくれ。小便は、この箱の中にしてくれ」と言った。「焼酎は消毒用にまた必要だから、飲まないように！」と久野班長が指示をする。山下君ら八人はいつでも飛び出せる体勢で座って、交代で寝た。

朝日が照り始めると、可能班長は弓矢を持ったままで山下君や水島君らの五人と白島君を探しに出た。ハイエナ人は十人倒れており、三百メートル行った所でうつ伏せになった白島君が倒れていた。弓矢が二本、体に刺さっていて、山下君と水島君が「オイ！　白島君」と大声で怒鳴ったが、ダランとしたままで、何の反応も示さなかった。可能班長が右手首を握って脈があるかどうか調べてみたが、何の反応もなかった。手や心臓の当たりも既に冷たくなっていて、硬直していた。可能班長が頭を左右に振った。突然涙が出てきた。リヤカーに乗せて稲平君の隣に寝かせて、見張り以外の者がお祈りをした。みなで両手を高く広げて「超広大無限宇宙よ！　貴方様の超自然現象により、すべての生命が誕生し、感謝にたえません。また、稲平君、白島君を生んで育ててくれたご両親にも感謝を致します。また、米や野菜など作ってくれた農家の方、魚を取ってくれた漁業関係の方、これまで稲平君や白島君を支えてくれた方、そういったすべての方に協力していただいて、今日まで生命が維持されてきたことを感謝いたしますが、この度、ここにおります、稲平君、白島君は正義の為に戦いましたが、運悪く倒れることになりました。どうか、安らかに眠れるように願い申し上げます！」と言って、両手を合わせて頭を下げてお祈りをしたのだった。続いて、「ハイエナ人は弱肉強食が良いという、秩序ある人間社会に合わない考えの者達でしたが、この大自然に戻ることになりました。どうか安らかに、お眠り下さい」とお祈りをした。それから、石田君と瀬古君が、テープを結んだ近くに杉田班長ら六人が倒れていたのを発見し、簡単な弔いをして、最初に来た砂浜にたどり着いた。久野班長が「浜野君、残りの一本の花火を打ち上げてくれ！」と指示すると、浜野君が船に乗り、魚を釣りながら待機していた海戸船長に話した。河村君が花火を見て「船長！　合図がありましたね！」と言ったので、双眼鏡で見ると両手を振っていた。右手だけで振った場合は敵がいるので用心して来るように。左手を振った時は、敵に捕まっているので、島から応援をよこしてくれとの合図になっていた。そこで、全員を乗せて島に戻った。モクトが、今日も山菜や茸類を何時間もかけて親分の所に持って行くと、「たった！　これだけか！」と言って、親分に拳骨で殴られた。そして全部自分で食べてしまい、「お前の分は、もう一度取って来い！」と怒鳴られた。頭にきたモクトは「こんなに苦労して取って来た食い物を全部食いやがって、毎日毎日こんなことが続くんなら、一人の方が良いや！」と思い、親分が眠っている間に逃げ出した。

作戦会議

◎オオラ星の五億五千年前

オオラ星の五億五千年前の歴史が載っている書物を見つけた佐藤博士は、この島より、ずっと科学が進んだ世界だったことをその書物を通して知った。その頃には二十の国に分かれていて、地下一千メートルも掘っても、原油やガスは少ししか出ないという状態で、軍事力の弱い国は七〇％が原子力発電に切り変わっていた。水力発電や風力発電や重水素発電がおもに使われていたが、車は小型の軽い車になっていた。どの家の屋根にも照々電池のパネルが取り付けられ、電気が使われていた。産油国は砂漠地帯なので、「原油がなくなったらどうやって生活をすればよいのか」ということで、色々な案を世界中から取り入れるように働きかけていた。その結果、砂漠の土地に境界線を引いて、米や麦の取れる土地と等価交換しようということになって、砂漠の土地は二つの島と交換された。その経過が本に記されていたわけだ。松大臣が「あなたの島は十ヶ所もあるのだから、二ヶ所ばかり交換してはくれないだろうか?」と福国の富丘大統領に言ったが、「あの砂漠では、この島の三十倍の面積をもらったとて、使いようがないですな」との答え。松大臣が「あなた方は少しでも安く原油を仕入れることばかり考えていて、いずれ原油がなくなった時の我々の生活のことは考えてくれましたか?」と言うと、富丘大統領が「それは、どこの国でも、自国民の生活のことで頭がいっぱいなんだ。他国のことまで考える余裕はないんじゃよ。しかし、あなたの国からたくさん原油を分けていただいたのは、事実なんだから、砂漠を三十倍の面積でなら、交換いたしましょう。ただし、こちらの島に来られた時は、福国と安心国との、安全保障を約束していただくことです。こちらに来れば、当然、農業問題から、労働問題から教育問題に至るまで、

ＡとＢＣと、どっちが得？産油国の人々の将来は？

かなり広範囲に、検討しなければなりませんので、まず、このことを本国に帰り、大統領に報告いたします」と言って帰った。高木大統領が「我が国の原油は、あと十年で底をつくだろう。今でも既に最盛期の二割しか出ないのだから！　それから検討するのであれば、全員が出稼ぎに行かなければならない。我々が最低、米か麦を作って食料を確保するには、どうしても二つの島が必要だ」。そこで、盗聴機監視専門員の阿曽君に手で合図をした。右手の人差指と中指を二本伸ばしたのを確認するや、作戦会議が始まった。

地図を広げて、「この奥の砂漠は、いくら広くても、使いようがないけど、海から七十キロに対し、幅二キロの土地をつけるなら、全面積を半分にするのと、どちらが良いか？　福国と交渉しましょう。たとえ土地の面積が半分になっても、海に付いた土地の方を選ぶでしょう。そして、午後二時に、高木大統領に電話をかけますから。その時『例の国に、同じ大きさの島だから、それを一三％で交渉してみる』と言って下さい。そして、『軍事基地にするだろう』と。そうすると、福国はこの話を盗聴していて、この島に他国の軍事基地を作られたら困るから、たぶん、『一二％で交換する』と言ってくると思うのだが！　それに、福国にしてみれば、福国の工場しか誘致をしないと約束します。そうすると、『安い労働力が手に入るのだから、損はないはずだ』と言うだろう。この演技は、必ず、成功させねばならないので、十分、練習をしましょう」。ということになって、もう一度福国に出かけた。そして、海に、幅二キロをつけて奥行き七十キロの土地と砂漠を使っていない砂漠面積の一五％にすると決まり、今度来る時には、大統領を連れて来て、契約書にサインをする、ということになった。そして、松大臣が高木大統領に「こちらの使っている土地を除いた土地の部分の幅二キロをつけて一五%で決まりました」と言うと、高木大統領は「おお！　そうか！　ご苦労だった。それじゃ、例の国に一三%で交渉してみるか！軍事基地に、したいらしいからな！　ワシから見ても、例の国の島も、よく似た島だからな」と言って電話を切った。そうしたことがあって、湯川秘書が、富丘大統領に、耳元で「裏省の大佐から連絡が入り、よく似た島を一三%で、例の国に交渉すると言ってました。例の国は、軍事基地にしたいらしいですよ」とささやく。富丘大統領は「よく分かった。ごくろうさん」と言ったが、少し足が震えていた。そして松大臣のそばに言って「よく考えたんだが、今まで我が国に良く協力していただいたこともあり、今後も友好国として末長くお付き合いさせていただかなければなりませんので、例の砂漠の土地ですが、一五%のところを本日仮契約していただくということなら、一二%にいたしましょう！」と提案する。三%といえど一兆円ぐらい得をしたことになるので、心はニコニコだが、顔は平静にして「それでは高木大統領に報告します」と言って電話を入れて、仮契約をした。そして、電話を入れる時、高木大統領が「富丘大統領は男の中の男だ！　安心国は福国をどこまでも協力していくぞ！」と松大臣に話した。佐藤博士がその時の二つの島のうち、小さい方がこの安心島で、猛毒クマンバチにやられずに最後まで残ったのかと不思議に思った。「それにしても、可能班長が持って来た猛毒クマンバチは地球のクマンバチより大きかったな」とも。

◎天地（テンチ）君の核兵器遊び

図書館で、歴史書の次のページを見た佐藤博士は驚いた。このオオラ星にはかって、核戦争があったと本に載っているではないか。「それは五ヶ国の国が核兵器を持っていて、お互いが共倒れにならないように抑止力が働いているのであるが、そのバランスは必ず崩れるものである。そして核兵器を持っている国が必ず真の正義ではなく、自国の利益の為に！　企業の兵器の販売や研究の為に！　宗教の考えの違いの為に！　昔ひどい目に遭った怨念や憎しみの為に！　地震やコンピューターの故障の為に！　自分の選挙を有利にする為に！　人種差別の為に！　国と国との衝突の為に！　またそれらに巻き込まれた時の為に！　数えあげればきりがない。そして、その悲劇は一人の特殊な能力を持つ小学生のコンピューター遊びから始まった。それは、三千年に一人ぐらいの確率で、遠く離れたオオラ星の反対の国のコンピューターの暗証番号を読み取る力のある人間が生まれるということを、どこの国の政府も知らなかったことである。天地君はまだ物事の善悪のつかない十二歳の子供でありました。父親は中堅のコンピューター会社のワンマン社長をやっていて、将来はこの天地君に会社を引き継いでもらいたいと思っていたから、この過当競争に打ち勝つ為だと言って、母親が妊娠したと知るや、母親に『お前は毎日コンピューターで遊んでおれ！　家事一切はお手伝いさんに任せればよい』と言うと、元々コンピューター大好きの若奥さんは飛び上がって喜んだ。もちろん、記憶力、創造力、直感力に良いという運動方法を一流の医者からアドバイスされて、指の運動から各種運動に乳酸値測定から脳の血流から、脳の喜び液分泌やアルファ波までを調べ、脳活性栄養士まで選び、夜はそっとお腹に手をやり、『天地君！　あなたはコンピューターが大好きよ。宇宙一の大天才になるわ！』と言って気を送るのであった。母親がぐっすり眠っている時も、自動的に『コンピューターは楽しいね！　とってもとっても楽しいね！』

という暗示が入った奇麗な歌の入ったテープを、暗示の入りやすい脳波の時に聞かせるのであった。天地君が生まれてからも、コンピューターに構っている時は誉めまくり、飽きたと思ったら決して深追いせず、積木遊びに夢中になれば、それもまた誉めた。ここでコンピューターに変えなさいと言えば逆にコンピューター嫌いになってしまう場合があるので、自分からコンピューターに向かうのを待った。そして、少し慣れてきた頃、入社した女性でコンピューターをまったく知らない女性に、天地が教えるのをそばで見て、目を輝かせているようにさせた。覚えたことを他人に話すことで、自分の話していることに自信が持てるようになると思われたし、天地が真剣に物事に取り組んでいるかどうかは目に出るからである。そして、いかに楽しく取り組めるか！ が大切なのだ。また社員が天地君に会った時には『天地社長』と呼ぶようにさせた。さらに、コンピューターのベテランをつけて真剣に聞いている人をつけて指導した」

◎天地君は十二歳でコンピューターのことなら世界一

「そして、十二歳の時にはもう天地君にはコンピューターの設計から組み立てまで教えられる人はいなかった。それから、自分自身でどんどん面白い方法を考えては、大型コンピューターで遊ぶようになった。その部屋は天地君の設計で出来た特殊な電波吸収装置が施されていた。それに、裏山の鉛の鉱山を所有していたので、万一に備えて水爆にも耐えられるように山を繰り抜いた核シェルターにもなっていた。さて、一年後にエム国のセムヤン大統領に超緊急連絡がライナ空軍基地から入った。オルシュン大佐が『大統領！ 一大事です！ 我々がコンピューターを操作していないにも関わらず、勝手に核弾道

《天地君の長距離核弾道弾廃絶》

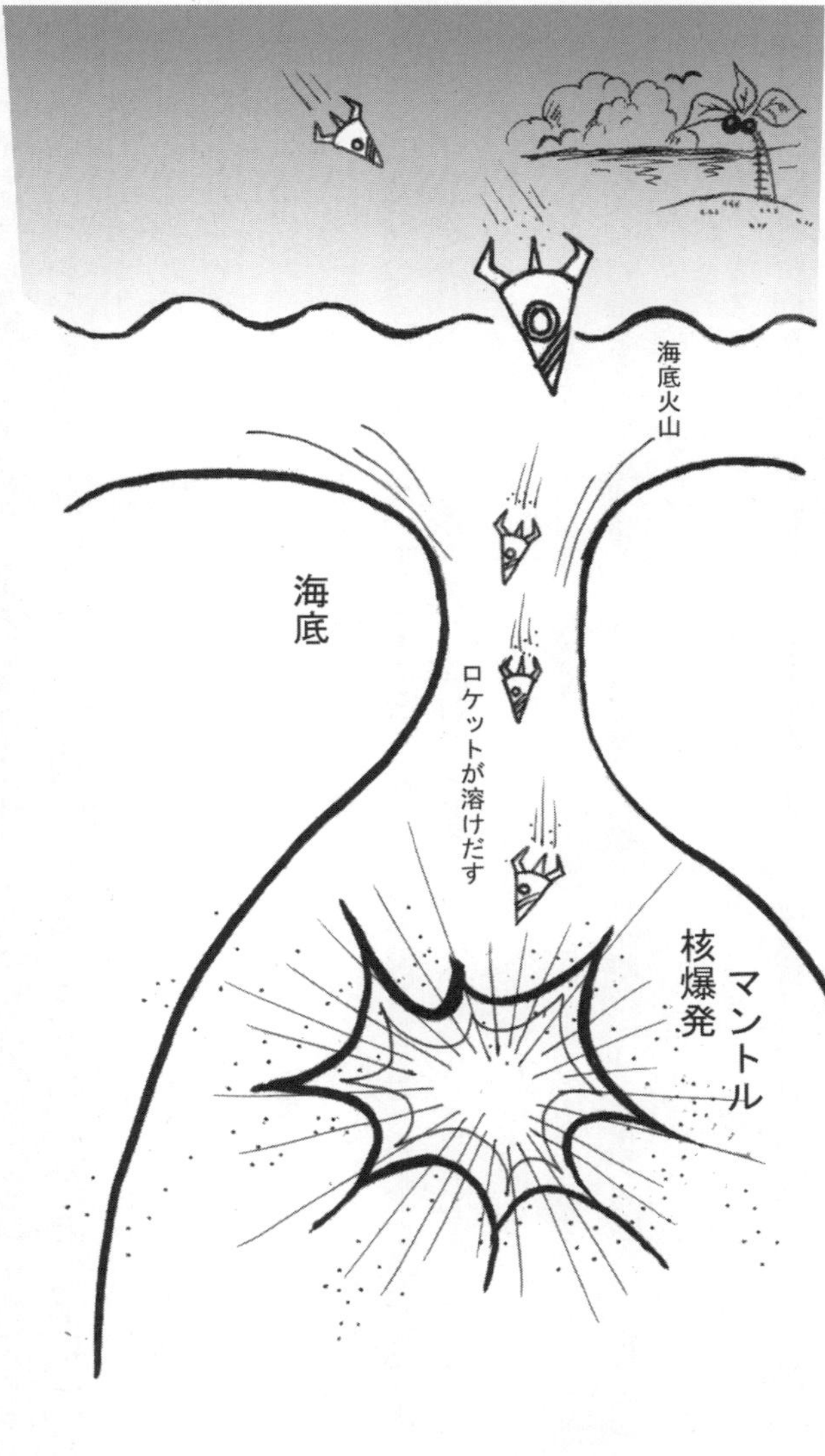

ミサイルの発射装置が動き始めました。なお制誤装置も作動しません。何者かがこちらのコンピューターに入ってきて、自動発射装置が作動しました。もう止めることができません』と言うと、セムヤン大統領は『それは本当か！　ミサイルはどこに向かうのだ！』と焦った。オルシュン大佐が『それは分かりません。こちらのコンピューターは作動しないのです』と答えると、セムヤン大統領が『全軍臨戦体制に入れ！　ワシは核所有国に我が国の意志でないことを緊急連絡するから』と言い終わるや、チャカイ国のロネ大統領から、『一大事でございます。我が国の大陸核弾道弾ミサイルが我が国の意志がないにも関わらず、勝手に発射してしまいました』という連絡が入った。セムヤン大統領が『何ですと！　ワシも今ロネ大統領に連絡しようと思っていたところなんです。我が国も同じことが起こっております』と言うと、ロネ大統領が『それは本当ですか！　いったいどこの誰だか分かりませんか？』と聞く。セムヤン大統領が『まったく見当がつきません。とにかく、ミサイルがどちらに向かうかを確認します。いずれにせよ、我が国は戦争をする気はまったくないのですから』と言って電話を切るや、今度はツヨイ艦隊のラセイオン司令官から緊急連絡が入り、『ツヨイ艦隊の長距離核ミサイルがこちらが操作をしないにも関わらず、全弾発射されました』とのこと。セムヤン大統領が『お前のところもか！　今オルション大佐からも、またチャカイ国のロネ大統領からも、同じことを言ってきたところなんだ。とにかくミサイルがこちらに向かってきたら撃ち落としてくれ。そして臨戦体制に入ってくれ』と指示を出したが、とにかく核所有国はてんやわんやの大騒ぎになった。なんせ、一千発の核ミサイルが自国に飛んできたら、どんなに大きな面積があると言ったって、もうお手上げだ。セムヤン大統領もライナ空軍基地に到着して、レーダーを緊張したままじっと見つめた。そして、十基のミサイルを除き、北極の海に全弾が潜って行き、大爆発をしたので、大地震が起きた。それを見てホッとしたせいか、力が抜けて床に座り込んでしまった。一通のメールが届いた。そこには『パパが核兵器があると必ずいつかは核戦争が起きるだろうと言っていました。僕は、それなら世界中の核兵器を爆発させてしまえばいいと思いましたが、本当は一千発の核ミサイルを同時に一ヶ所で衝突させることができるかどうか、試してみたかったの！　そして、今度核兵器を作ったり、弱い国に攻めたりしたら、十基のミサイルが自動発射します。平和の使者より』と書いてあった」

◎親子の会話

「二時間前から、近藤社長と天地君が将棋をさしています。近藤社長が『ワシは将棋が二段なのに、お前とやるとどうして負けるんだ！　しかも飛車角抜きで』と言うと、天地君が『ちょっと聞きたいんだけど、パパはセムヤン大統領が今イルネ大学の前に車がさしかかったことが分かりますか？』と聞く。社長が『そんなこと分かるわけがないだろう。大統領が何の用事でこんな所へ来てるんだ。それに、お前は分かるのか？　そんなことが！』と聞くと、天地君が『ママも分からないと言っているし、僕は誰に似たんだろうと思っていたんだけど』と話した。その時、五台の車と四台の白バイが止まって、チャイムが鳴った。社長が玄関に出ると、セムヤン大統領一行がいるのでびっくりして、『いったい何事ですか？』と言ってから、応接間に招き入れた。セムヤン大統領が『さっそくですが、お宅はコンピューターの会社ですね？』と聞く。近藤社長が『はい、そうですが、どうかしましたか？』と答えると、大統領が『それでは北極の海底で一千発の核が同時に衝突をして、爆発をしたことは全然知らないのですか?』と聞く。『えっ！ そんなことがあったんですか? いったい、いつ起きたのですか?』と驚く社長。大統領が『ほんの二時間前です』と言うと、社長は『二時間前と言えば息子と将棋をさしていましたけど』。大統領が『その息子さんというのは?』と聞くと、社長が『小学校の六年生なんですがね。コンピューターをいじらせたら、うちの会社じゃ右に出る者はいないんですよ！』と答える。大統領が『その息子さんはいつもどこでコンピューターを扱っているんですか?』と聞くと、『はい！ もし核戦争でも起きたら大変だと思って、水爆にも耐えられるシェルターに大型コンピューターを設置しまして、そこで遊ばせております』と社長。オルシュン大佐が『今回の一千発の核ミサイルの爆発騒ぎの原因はたぶんお宅の息子さんですよ！』と言うと、社長は『えっ！ そんなばかな！ ずっと息子とは将棋をしていたんですよ！』と驚く。大佐が『我が空軍の秘密のオンラインコンピューターや制誤装置までやすやすと入り込む力があるんですから、自動操縦にしてからあなたと将棋をしていたんじゃないですか?』と聞くと、社長が『そんなあほな！』と言って、お手伝いさんに『用事があると言って……イヤ！ ワシが行こう』と言って、自ら探しに行った。『ご同行します』と言って、オルシュン大佐も後を追った。

シェルターの中を探すためにドアを開けようとしたが開かない。ブザーを押しても開かない。『おかしいな?』と思いながら、指紋と暗証番号のカードを入れたが、それでもドアは開かない。オルシュン大佐が『この中にいるんですか?』と聞くと、近藤社長が『何とも分かりませんが、このドアはワシか

地球上には存在しない物質
特殊鋼の鉱山シェルター
コンピューター室
食料品
天地君専用
地下核シェルター入り口
マネムリ工業
地下会社にはたくさんの
ドア（入り口）があります
近藤社長宅
マネムリ工業株式会社
コンピューター工場

息子の指紋と暗証番号がないと開かないようになっているんだ。そして、この奥にあるレバーで、特殊鋼の奥行き百メートルのドアを開けると、地下三百メートルの所に大型コンピューターの入った核シェルターになっているのです。ドアは閉じたり開いたりするが、普段は開けっぱなしになっているんだ』と言ってお手伝いさんに『息子がいたら、こちらへ来るように言ってくれ』と指示して、大統領のいる所に戻ると、息子が見当たらないことを告げた。『ところで大統領は、ここに来る時イルネ大学の前を通りましたか?』と聞くと、大統領が『はい! 通りましたが何か?』と答える。一瞬近藤社長は『今まで一緒に同じ家に住んでいたのに、気がつかなかったのだろうか』と自問自答して、青くなった。『実は! 大統領がこちらにお着きになる前に、二本奥に入っているイルネ大学の前に大統領の車が通ったと息子が言ったものだから。何げなしに聞いていたんだけど、まさか、こんなことが分かったなんて!』と社長。オルシュン大佐が『これで、はっきりしましたな! 我々のコンピューターは他から入ることができないように三重にも四重にもバリアが張られているのだけれど、我々の暗証番号を毎日変えたって、あなたの息子さんにはさほどむつかしくはなかったんですな』と追及すると、社長は『いや! いや! 申し訳ない。何ともどうしたら良いかも見当もつきません』とため息をつく。大統領が『まあ! 今回一千発の核爆発で海の放射線汚染はあるでしょうが、もし息子さんが世界中の人々を殺そうと思えば、殺すことだって出来たのですから、余り叱らないでいただきたい』と言って、例の『中距離核弾道弾ミサイルを衝突させたら、北極のように人が住んでいない場所はないですから、何億人も死んでいたでしょう』と書かれた手紙を見せた。大佐が『ところで、あのコンピューター室の中には食料はあるんですか？』と聞くと、社長が『ハイ！　一週間前に十人が五年間食っていけるだけの物を保管しましたし、外の電気が切れても、あの中の機械は十年は動きます。それに、水爆でもびくともしない作りになっておりますから……もうお手上げです』と答える。大統領が『とにかく世界中にことの真相を説明して、当分核兵器の製造と戦争はやめるようにと緊急連絡いたしましょう。そして、婦警やコマンドを配備させていただきます。もし息子さんが他国の者にさらわれたり、犯罪者に誘惑でもされたら、人類にとっての危機にもなりかねませんからね。とにかく息子さんがやけを起こさないことが一番大事ですから、このことをしっかり、頭に入れておいて下さい。奥様にもそのことをくどい程言っておいて下さい。お願い申し上げます』」

◎僕が法律

「一週間後、各国の国会、警察署、新聞社へメールが届いた。このメールには世界中の政治家が仰天させられた。『僕は天地です。ここに書いた文章は法律であり、それを実行しなかった者は法律を犯したものとなる。なぜならば、今より僕は超最高裁判庁長官であるから、ここに書いたことは判決であり、いかなる反対意見も聞き入れない！　その前に、過去五十年前からの犯罪で未納になっているものをこちらに送ること。ただし、このことはいっさい報道してはならない。それは、事件の犯人が新聞に出れば、第二の犯罪に走る恐れがあるからである。それに、事件は十五年が過ぎていて既に時効になっているのだから、これからは、超法規である。本音を言うなら、僕の透視能力を自慢したいのだけど。エッヘン！　まず、ヤマヨ国のモウカ繊維会社の金庫を五人で襲い、二億円を奪った犯人が逃げるという事

件がかってあった。それからもう二十年になり、既に時効であるが、超法律は扇真大王の超最高裁判所の判事である天地様が今から判決を申す！　本来なら犯人を捕まえてから判決を言うのであるが、一般常識を超えた所に良さがあるのだ！　それでは判決を申し付ける。モウカ繊維会社の強盗の主犯格ゴウツクアクリンには、今日から毎日百個の一円硬貨を三年間飲ませること。これを拒否した時には、たとえ病気中といえども、次の日に電気椅子にて死刑とする。そして、三年が過ぎたら、釈放する。ただし、硬貨代と病院代と飯代と刑務所代その他の費用はゴウツクアクリンが支払うこと。カネキクレヨ、ゼニノホシヨ、ワルウクラハの三名は、モウカ繊維に各三千万を支払い、五円硬貨五十枚を毎日一年間飲むこととし、以下同じ。オヒトヨシムはその後結婚して食品事業に成功し、五億の資産が出来たのを、ゴウツクアク

海戸船長
オオラ星
安心島生まれ

ゴウツクアクリン
モウカ繊維に強盗に入り
金庫から二億円を強奪

イヤナ警部
ねちっこい性格

オヒトヨシム
お人好しの性格
モウカ繊維強盗の
見張り役
後年ヘンシン食品の社長

リンが恐がっていて、このままだと三ヶ月後に殺されることになる。そこで、オヒトヨシムに対しては、モウカ繊維に二億と、国に一億支払うことで、罪を許す。拒否した時は弁護士をつければ、弁護士ども電気椅子の死刑に替えるものとする。そして、今日より三日後の土曜日午後三時にカナ市にあるイルワ橋の近くのツカマ喫茶店に来る！』というので、警察はマスコミには秘密にし、犯人が逃げないよう、いきなり五人に手錠を掛けた。イヤナ警部が『お前達をモウカ繊維窃盗容疑で逮捕する！』と言うと、ゴウツクアクリンが『待ってくれ！　あれはもう時効のはずだ！』と答える。警部が『やったことは認めるんだな！』と聞くと、ゴウツクアクリンが『どうして分かったんです？』と答える。警部が『実はこちらの方が驚いているんだ！　まさか、本当にお前達がいるなんて、思いもしなかったからな。それにこれはすべてが内密に行われているんだ。お前達は運が悪かったと思って観念しろ！　なんせ俺は貴様らを捕えようと十五年間一生懸命捜して来たんだ。それが打ち切りになった時の悔しかったことといったら、お前には分かるまい。この俺の脳髄は今喜び液がドバー、ドバーっと出ているのが自分でも分かるんだ。ちょっと聞いてみるかい！』と聞くと、『と！　とにかく弁護士を呼んで下さいよ』とゴウツクアクリン。『何度言ったら分かるんだ！　お前達は地獄に落ちたんだよ。いかなる弁護士といえども、あの世の扇真様には会いに行けないだろう。早く車に乗れ！』」

◎キユダ会議

「近藤社長とモン夫人は緊急秘密会議のためにライナ空軍に迎えられ、質問攻めに遭っていた。セムヤン大統領が『今回の北極での一千発の核弾道弾が一ヶ所で衝突した場所の報告によれば、一千発とも地下火山の中に奥深く入って行ってから爆発したらしい。周辺の海域の放射能の反応は出ていないとのことではあるが、今後も引き続いて調査を継続していきます。そして、今回の少年天地君の行動いかんによっては世界の運命が大きく変わるということになるので、天地君のご両親から、どのような育て方をしたのか、お教え願いたいと存じます』と聞く。近藤社長は『この度は息子がとんでもないことを仕出かしまして大変申し訳なく思います。息子は花を育てるように、生まれる前からりっぱな人間になるように家内に気を送ってきました。そして、抵抗力の強い子供になるように一流の栄養士に料理を作ってもらい、バランスの取れた母乳が出るようにしました。そして、眠っている時にも〈天才的な頭脳になって、ワシの会社を大きくできる人間になる〉といった暗示をテープに吹き込み、脳波の器械が一番良い状態の時に、自動的にテープが作動して聞かせるようにしました。運動にも散歩にも、乳酸値とか血流状態の測定を定期的に調べて、最高にしたつもりです。天地が生まれてからは成長するのが楽しくて、良いことをした時は誉めまくりました。小学校のころは、天地の好みの同級生に来てもらい、天地の覚えたことをその子に聞いてもらい、自分の話に自信を持たせ、自分の耳に自分の話を聞けるようにしたのです。天地が会社に行く時は社員に天地のことを天地社長と呼ばせました。これは、天地に自信をつけさせる為です。そして、技術的なことも教えていったのですがいつのまにか我が社では太刀打ち出来る者がいなくなっていました。それで、裏にある特殊鋼の鉱山を切り抜いて大型コンピューター部屋を造ったのです。そして、防衛庁から依頼を受けている半導体の重要な部分は、天地が設計した物を納めておりました』と答えた。大統領が『オルシュン大佐! それを我が国のロケットの核弾道弾にも使っているのかね?』と聞くと、大佐は『ハイ! マネムリ工業の誘導装置の特殊な部分は使われております。おそらく世界中で! つまり、近藤社長の会社の部品であります』と答える。大統領が『近藤社長! お宅の誘導装置は暗証番号を入力すると作動するようになっていて、他国のコンピューターからは入り込めないようになっていたんですね』と聞くと、社長が『ハイ! いっさい他からは入り込むのは無理だろうと息子が申しておりました』。大統領が『そのような大事な所を子供に任せていると報告はしてあったのかね?』と詰問すると、『これは、会社の機密になっておりまして、ほんの数人しか知りません。まさか小学生が作ったとは言えず、その数人の共同研究で出来たと従業員達も思っております』との答え。大統領が『それでは精神分析のココワカ教授から聞いて下さい』と言い、教授が『奥さんにお伺いしますが、コンピューター研究の時には部屋の掃除とか機械の掃除は息子さんにやらせましたか?』と聞くと、モン夫人は『息子には汚い仕事や危ないことはやらせていません』と答える。教授が『息子さんが何かがほしいと言ってきた時には、何でも与えてきましたか?』と聞くと、夫人は『ハイ! ほしい物はなんでも与えてきました、それがなにか?』と答える。教授が『息子さんが物事に堪える力があるかどうか、すなわち忍耐力が強いかどうか。また、弱い者に優しく接することが出来るかどうか、いつも自分本位であるかどうか、などについて知りたいのです。忍耐力が強いと思いますか?』と聞くと、夫人は『そう言われてみれば、今まで堪えるようなことは、させたことがありません。とにかく優秀な人間になってもらうことだけを考えて、一生懸命に育ててきました』と答える。続いて教授が『話は変わりますが、近藤社長にお伺いいたします。あなたには愛人がおりますか?』と聞くと、近藤社長は『あっ！　いや！　その！　ですね』としどろもどろになった。教授が『これは重要なことです。我が国の将来や世界の将来にまで関わることなんですよ！　正直にお答え願います！』と迫ると、女房の顔をちらっと見てから『あの！　その！　天地の家庭教師をしているウイさんとその……』と社長。すかさず教授は『まだ他にもいるんじゃありませんか?』と突っ込む。社長が『あの一人じゃいけませんか?』と弱々しい声で言うと、教授が『いるのなら、おっしゃっていただかないと困ります』と責める。『それぱっかりは、勘弁してもらえませんか?』と社長が言うと、大統領が『はっきり言わないなら、あなたを死刑にしますよ！』と強く言ったものだから、社長は真っ赤な顔になって、『スケイ市で料理屋をやっておりますモルネママに、二歳の男の子と一歳の女の子がおります』と言うや、じっと我慢していたモン夫人が『あなた二人も女を作って、それも子供まで二人もいるなんて！』と爆発した。ココワカ教授が『奥さん！　冷静になって下さい。今は夫婦喧嘩をしている場合と違うのですよ！それとも、良い方法が見つかりましたか?』となだめると、夫人が『どうもすいません、取り乱しまして』と謝る。教授が『とにかく、家庭不和がお子さんの成長を大きく曲げることになるのです。奥さんはご主人の女性関係をご存じなかったようですが、お子さんはすべて知っていたと見て間違いないでしょう』と言うと、社長は『どうしたら良いでしょう?』と困り果てた様子。教授が『まずお付き合いしている女性の認知をするとか、その子を責任をもって育てるということを天地君に分かってもらわなくてはなりません。奥さんには寛容になってもらって、精神面でも大人になってもらわねばなりません。天地君から見て良き夫婦にならなければなりません！　芝居ではなく、心から愛し合っているのだと天地君に思わせなくては。これはお願いというよりも、責任ある社会人として当然のことですよ！　奥さんはご主人の良き所だけを見て下さい。そして、世界の安全が確認できたなら、ご夫婦がどれだけ喧嘩をなさろうと、いっこうにかまいません。近藤社長、モン夫人、みなさんに約束していただけますか？』と言うと、奥さんもことの重大さに負けて、ハイ！　と答えました。そして、会議が終わる頃、ウイさんらに連れられて天地君が入って来ました。天地君が『僕、パパやママに会いたくて』と言うと、夫人が『どうして、こんなに、とんでもないことをしたのよ』と聞く。『だって、パパやママがいつかは核戦争が起きると言っていたもん。機械は故障もするし誤作動もするし、核ミサイルを扱っている人間だって完璧じゃないよ。国民のことより政治献金をもらった人の言うことを聞いたりするもの。それに、どこかの国でパパやママがひどい殺され方をしていたら、その国に核ミサイルを一千発ぶち込んでいたよ』と天地君。夫人が『ちょっと待ちなさい！　そうしたら何も悪いことをしていない人まで死んじゃうのよ。人間だって動物だって、一生懸命生きているのよ。それなのに、他の国から核ミサイル攻撃を受けて、天地君もパパやママが巻き添えをくって死んだらどうなるのよ！』と言うと、天地君は『そんなのいやだよ』。『だから、いつも相手の立場になって考えなきゃだめなのよ！　分かった？』と言う夫人に、天地君は『ウン！　分かったよ、だけどもう大丈夫だよ、もう、世界中の核ミサイルがなくなるもん！』と答える。セムヤン大統領が問う。『それはどういうことかね？』

◎核廃絶の失敗

「天地君が『今、世界中にある核ミサイルを、火山活動しているマグマの中の奥深くにもぐらせるんだよ』と答えると、その時ラセイオン司令官から緊急連絡が入り、『ヨモヤ国の都市で核ミサイルが爆発して、我が国にミサイルが向かって来ています。誘撃ミサイルを十発打ちましたが、外れてしまいました。どうすればよろしいですか?』との問い。セムヤン大統領は『こちらからヨモヤ国に緊急連絡を入れよう。こちらに戦争する意志はないことを告げ、我が国に向かっているミサイルをUターンさせずに我が国が核攻撃を受ければ、たぶんワシから連絡はできなくなるだろう。その時には、報復攻撃をせよ!』と命令し、ヨモヤ国の緊急司令部に連絡をした。『こちら、エム国のセムヤンです。フンカ大統領ですか?』。『ワシがフンカだが、よくもワシの国に核攻撃をしてくれたな!』との返答。『ちょっと待ってくれ! ヨモヤ国のミサイルのコンピューターに入って核ミサイルを誘導したのは、ワシの命令ではないのです。これは、ミサイルの誘導装置を製造しているマネムリ工業の小学生の息子がミサイルを誘導したんです』とセムヤン大統領が釈明すると、『そんな見えすいた嘘をつくな』とフンカ大統領。セムヤン大統領が『本当なんです。だからこちらもびっくりしているんです。今世界中にある核ミサイルを全部なくすよう大型コンピューターの自動操縦に切り替えて、火山の噴火口めがけて打ち込んで、マントルの奥に命中させるようにセットしたと言っていましたが、それが何らかの誤差動を起こして、都市に核ミサイルが爆発したと思うのです。早く我々の方に向かっているミサイルをUターンさせて下さい』と言うと、フンカ大統領は『とりあえず、三発の核ミサイルはもう止めることは出来ないが、そちらがあとの攻撃をしなければ、こちらからは攻撃をしないようにしよう。それに、いかにセムヤン大統領が命令をしなかったと言っても、マネムリ工業はお前の国の会社なんだから、責任を取るという意味で、他の国からいかに核攻撃を受けようとも、いっさい反撃をしないでいただきたい！　そうしないと過ちが過ちを生んで共倒れになるからだ。分かってくれますか？』と答える。『よし！　分かった。こちらに向かっているミサイルだけを撃ち落とすことにしよう。何分にもよろしく頼みます』とセムヤン大統領が了解する。ロネ大統領から十件の緊急連絡が入り、スタッフは対応に追われ、息つくひまもない状態になっていた。ところが九千発を七ケ所の噴火口に集めるように操作をしたのだけれど、三千発が誤差動を起こして、あっちこっちでバラバラの状態で、中距離核誘導弾ミサイルや戦術核ミサイルの七〇％が核爆発を起こしてしまったのだった。それでオオラ星の人口は半分になった」。この記事を見た佐藤博士は、核の対応のむつかしさを知るのであった。

第十七章——ゴタゴタ星へ行く

広大宇宙の全物質は九千無量大数の一千無量大数乗年前と現在とほとんど同じである

第十七章―ゴタゴタ星へ行く

佐藤博士ら一行と、モンちゃん、馬太郎君、ミミちゃん、亀ちゃん、可能班長、山下君、水島君らは、ゴタゴタ星に行くことに決めた。というのも、ベリー星の電波に「SOS・SOS・akumatikazuitekuru・hitobitopaniiiku（助けて・助けて・悪魔が近づいて来る・人々パニック）」という受信を何度も受けたと、モンちゃんが佐藤博士に言ったからであった。オオラ星の安心島に帰った可能班長らも、仲間がたくさんハイエナ人に殺され、助けることが出来なかったので、博士らと一緒にベリー星に付いて来たのだが、自分達も、なんとか平和に役に立つことはないかと思っていたところへ、SOSが入ったので、二百光年先のゴタゴタ星に一緒に連れて行ってと頼んだのだった。そうして、マーチャン号に一同が乗り込んだ。マーチャン号は少し動いたと思ったら、もうゴタゴタ星の上空一万メートルの所を走っていた。そして、ベリー星で自動運転出来るよう打ち込んであったので、上空を「warewarewa……（我々は、ゴタゴタ星のSOSを受信して、あなた方に、お役に立てることが出来ることはないかと思い飛んでまいりました。僕は、地球人の佐藤と申します。ゴタゴタ星より、九千兆の一兆乗光年離れた地球という星からベリー星に着き、ベリー星の人とオオラ星に行き、オオラ星の人を三名乗せて、またベリー星に戻った時にSOSを聞き、ゴタゴタ星にお伺いしたのです）」という文字を描きながら、上空を飛んだ。みどりちゃんが「パパー、空の向こうに真赤に広がっているのはなーに?」と指を差すので、佐藤博士が「あれはBHとBHが衝突して大爆発を起こし、星が誕生しようとしてＡＭＳ核融合反応をしているんだよ。それをゴタゴタ星の人達は、悪魔が近づいて来ると言ってるんだよ！」と説明した。そうしたら、ゴタゴタ星から「こちら、メルン国の軍事司令官のモナです。地球から来られた宇宙船の方ですか？」と聞いてきた。博士が「はい！　そうです。あなた方がＳＯＳを出されたのは、南西の方向にＢＨ同士が衝突をして、大爆発をして、光が広がっているからじゃないですか？」と質問すると、管制官モナから「あれは、悪魔が近づいて来るんじゃないんですか？」と逆に聞かれてしまった。博士が「悪魔じゃないですよ！　あれは星が誕生しているのですよ」と言うと、管制官モナは「そうなんですか。あれはマロン国が我々の言うことを全然聞かないので、リンナ神がお怒りになって、悪魔をお使いになられたのだとばかり思いましたのよ。マロン国では、私達がマロン国の言うことを聞かないから、シンタ神がお怒りになったのだと言って、お互いが核ミサイルで攻撃しようとして、睨み合いをしていたのですわ。さっそく世界中にことの真相を説明して、各国の代表者に集まっていただきます。この先五キロメートルの地点に空軍基地がございますので、お下り下さい」と言う。博士が「分かりました」と返事をしたと思ったら、宇宙船マーチャン号は静かにメルシ空軍基地に着陸した。

◎ゴタゴタ星は全員女性の星

上空を飛んでいる時に、デジタルビデオで船内の様子を写しだしていたので、ムミ総理は佐藤博士の前に来て「よく来ていただきました」と言って握手をした。そして、モンちゃんやミミちゃんらとも握手をしたのだが、お猿さんやうさぎさんによく似た人が二本足で立って話をするのだから、もう、びっ

ゴタゴタ星
メルシ国
ムミ総理

ゴタゴタ星
メルシ国
シキ司会者

ゴタゴタ星
ルンルン国
キクミ大統領

ゴタゴタ星
マロン国
サミヨ大統領

ゴタゴタ星
サキノ国
ルミネ王

ゴタゴタ星
ジオイ国
ミライ市
カボチ大蔵大臣

ゴタゴタ星
ジオイ国
チコ経済大臣

ゴタゴタ星
ジオイ国
オオマ知事

ゴタゴタ星
ジオイ国
サウム二世総理

ゴタゴタ星
ジオイ国
サウム総理

ゴタゴタ星
ジオイ国
チウリ財務大臣

くりした。ミミちゃんが「メルシ国の人って、みんな女性ばかりですね！」と聞くと、ムミ総理は「はい！　このゴタゴタ星は今から一万年前は男性もいたのですが、遺伝子操作が発達して、細胞から人間を作るようになった頃、世界中でエイマ菌という性病が流行って、世界の人口の八〇％もが感染してしまい、危機感のもと、クローン人の増強につながり、それから、いつのまにか女性ばかりになりました。そして、マロン国と対立するようになってから、影武者がいるというので、私と同じ顔をしているものが一千人もいるのです」と言われて、全体を見回してみると、確かに良く似たクローン人達があっちこっちにいた。

一週間後、世界三百国の代表が集まった。メルシ国の国際会議場では、入り口の受付に佐藤博士やモンちゃんや亀ちゃんや好之君や明君が並んだ。平和を願うモンちゃんのバッチには、その後に開発された小型の悪思考細胞消滅器が入っていて、モンちゃんのそばを通った各国代表者は全員性格が変わっていたのに、本人たちは他人に言われるまで気がつかなかった。シキ司会者が「本日はお忙しいなかをお集まりいただきまして、ありがとうございます。この度は、宇宙の彼方から宇宙船に乗って、我々が核戦争になる一歩手前で宇宙の原理を説明していただき、そのおかげで戦争を起こさずに済みました。地球から来られた佐藤博士より一言ご挨拶願います」と博士を紹介した。

◎広大宇宙の全物質は九千無量大数の一千無量大数乗年前と、現在とほとんど同じである

佐藤博士が「みなさん初めまして！　僕達は九千兆の一兆乗光年先の地球という星からやってまいりました。みなさん方の中には、ワンマンの王様もお見えでしょうから、部下の大臣に一千兆の一兆乗光年先とは何キロメートルになるのかを計算させてみて下さい。『時間はいくらかかっても良いから、ワシが帰るまでに紙に書いておくように』と指示を出してから、連絡の取れない所に行き、一ケ月後に帰ってきてみて下さい。とんでもないことになっていると思いますよ。一光年とは、光が一年間かかって走る距離ですから、九兆四千六百億キロメートルになります。これを小さい字で書いても二センチになります。十光年で二十センチです。百光年で二メートルです。十万光年二キロメートルです。十億光年で二万キロメートルになり、このゴタゴタ星を一周してしまいます。九千兆光年だと九万回回らなければなりません。九千兆の二乗で八億一千万回ではこのゴタゴタ星を回転させなければならず、九千兆の一兆乗光年先は何キロメートルか書けと言われたら、このゴタゴタ星の山の木を全部切って、紙に書いても、とても紙が足りません」と言ったら、一人の王が真っ青な顔になって席を立ち、表に出て、大臣に「九千兆の一兆乗光年の距離を書けと言ったが、もう答えは分かったから、至急、取り止めて下さい！」と電話をしていた。大臣に命令を出していたことは、世界中のテレビで放送されていた。そして、サキノ国のルミネ王と佐藤博士とが握手をした時に、ＳＧＫ機で読み取り、ルミネ王には間接的に分からせたのだった。博士は席に戻ったルミネ王のほっとした顔を見てから、また本題に戻って、話を続けた。「この南西方向に突然光が出て、それがどんどん広がっているので、みなさん方の中には、みなさんのやっていることが神の怒りにふれて、悪魔が現れたとお思いの方もおられるでしょうが、あの光は中心部分が直径一ミリ以下のＢＨ同士が衝突をして大爆発をし、ＡＭＳ核融合反応をしながら四方八方に飛び散っているのです。けっして、神や悪魔のお怒りではありません。宇宙の自然現象です。星はああやって誕生するのです」。ルミネ王が「直径一ミリ以下のＢＨの衝突ってそんなに威力があるのですか?」と質問すると、博士は答えて「直径一ミリ以下と言いましても、このゴタゴタ星を照らしている大光陽の三兆個分と五十億個分の星々を強力な引力で押しつぶして、全ての元素を破壊して収縮したＢＨです。元素というと、この机も表の石も土もあなたの体も、首かざりも鉄も、分子や原子で出来ております。それらを強力な引力で破壊して小さく、さらに小さくするのです。しかし、小さくなるからと言っても、重量そのものは余り変わりません。このゴタゴタ星の大きさの星の重量は一ミリ以下の大きさになったからと言っても、ゴタゴタ星の約七〇%が質量として残ります。だから、星を吸い込む度に質量が増えるのです。それに巨大質量のＢＨになりますと、宇宙の物質によって一万年で原子が風化する物もあり、一不可思議年でやっと風化する物もあり、この宇宙船マーチャン号に使われている物質のように、一千無量大数年たっても風化しない物もあります」。

　ムミ総理が「その一不可思議年とは何年ですか?」と聞くと、博士は「一万は〇が四個つきます。一億は〇が八個つきます。一不可思議は〇が六十二個つきます。そして、一千無量大数は〇が七十一個つきます」と答える。ルミネ王が「そんなに昔から宇宙はあるのですか?」と聞くと、博士は「今の地球の科学では証明されていませんが、九千無量大数の一千無量大数乗年よりはるかに昔から、宇宙は誕生していたし、また、九千無量大数の一千無量大数乗光年よりはるかに遠くまで宇宙は永遠と無限に続いているのだと、一千年前の地球人で本を書いた人がいましたが、そうしますと、この宇宙船では九千兆の一千兆乗光年先に行くのに余程うまく行っても百年もかかります。ですから、このゴタゴタ星は広大宇宙から見れば、ほんの宇宙の入り口にも満たないのです。そのように宇宙は無限ですから、九千無量大数の一千無量大数乗光年まで続いている宇宙も、広大宇宙の中の点にしかすぎません」と答えた。そこでサウム総理が「どんな大きさの点でしょうか？」と聞くと、博士が「一千無量大数倍の拡大できる天体望遠鏡でも分からないぐらいの小さな物にすぎません」と答えた。

「話がそれましたが、このようにして、風化してほとんど無に近い一千無量大数の一無量大数乗分の一ムグラの質量の物が、宇宙空間にはたくさんあります。あなた方や僕達が今吸っている空気の中にも、たくさんあるのです。余りにも微量の質量である為に、分からないだけです。そして、ゴタゴタ星や大光陽の引力では余り影響を受けず、宇宙空間をさ迷いますが、大光陽の一億倍の質量のＢＨが近づけば、どんどん吸い込まれて質量が増えていきます。そして、ＢＨは星から宇宙のチリから隕石から、すべて吸い込みながら、質量が増えていきます。超巨大ＢＨの通り過ぎた後には、超微量の質量の物もなくなった空間になります。そして、超巨大ＢＨは、超引力により、分子や原子を破壊して収縮します。収縮するごとに自転速度が増えていき、光のスピードを超えるのです。あの光のスピードより速くＢＨの廻りを回ります。そして、光のスピードを超えた時から、外からは光の明かりが見えなくなるのです」と博士は説明した。ルミネ王は「そう興奮して喋らなくても分かります。興奮は夜してネ」と言おうとしたが、グッとこらえて話を聞いた。「他のＢＨと衝突するまで、何万年も何兆年も何無量大数年も何無量大数の何無量大数乗年も、飛び続けます。ＢＨは何年たっても、風化することはありません。このようにして、広大宇宙は無限年前からあり、無限年へと続いて行くのです。このようにして、広大宇宙では毎秒何無量大数の何無量大数乗以上の星と星の衝突や、銀河と銀河の衝突や、ＢＨ同士の衝突が繰り返されているのです。このように宇宙が無限にあるから、我々の言葉もベリー星の言葉も、オオラ星の言葉もゴタゴタ星の言葉も、翻訳機なしで通じる場所があったということで、いかに広大宇宙が広いかを分かっていただけたと思います。このゴタゴタ星も平和を願うなら、核兵器や化学兵器をなくし、人口を増やさない政策が必要だと思いますが、ここにおられますベリー星のモンちゃんの先祖は五億年も続いて生きつづけてきたので、その真髄を聞かせていただきたいと思います」と博士が言うと、モンちゃんが「こんにちは！　僕はベリー国のモンタです。このゴタゴタ星につきまして思ったことは、ベリー国の四億五千年前によく似た環境だということです。当時はベリー国でも地下資源をふんだんに使った生活をしていたようです。しかし、地下資源は一万年も持ちませんでした。今ゴタゴタ星ではガソリンエンジンで車を走らせていますが、約二百年後にはなくなるでしょう。ですからベリー星では、車体の軽い車で水素を利用した乗物を作ったり、大光陽の光から電気を作って電気自動車と併用した乗物に変わりました。それでも、一万年後にはパネルなどにする材料もなくなり、自然の植物や動物や石などから出来る物に変わっていき、心と体の健康を主体にしたのんびりとした生活を続けてまいりました」という話をした。

◎ゴタゴタ星でも男性化を推進

「僕が思いますに、ゴタゴタ星には男性がいないせいか、建築物もベリー星の建物と比べて強度が貧弱です。我々猿類人は建築関係の仕事の八〇％に従事しており、丈夫な家を建てております。そこで僕の細胞を少しお分けしますので、このゴタゴタ星で僕のクローン人を作られたらと思いますが、いかがでしょう。もちろん、これは僕からの一つの提案であって、けっして押しつけるものではありません。次にオオラ星の可能君に変わります」と言って、モンちゃんは可能班長に交代した。「みなさんこんにちは！　オオラ星の可能と申します。僕達のオオラ星では昔、小学生の子が各国のコンピューターに入り込み、世界中の核兵器を廃棄処分するつもりだったのが、核誘導弾ミサイルを誘導してしまい、約半分が誤作動を起こして世界各国で核兵器が大爆発し、人口の約半分が亡くなり、生き残った人もガンになったり、白血病になったり、奇形児が生まれたりして、今までの文明社会が崩壊いたしました。そして、元の文明社会に戻るのに三千年の月日がかかりました。ところが、オオラ星の人口が百億人になり食料難になったので、バイオテクノロジーと言って、遺伝子組み換えや品質改良などにより、巨大なカボチャや大豆などいろんな野菜が市場に出まわりました。人々はこれで食料難から救われると非常に喜んだのですが、普通のクマンバチだったのが、この巨大な野菜を食べたことにより、猛毒クマンバチに変異して、動物に攻撃するようになりました。それで、人間もほとんど死にました。陸から遠く離れた安心島の人達だけが生き残ったのです。このように、すばらしい科学は、良い面としては便利で最高ですが、悪い面にも効果が強すぎるのです。ですから、何度も実験を繰り返し、慎重に扱わなければ取り返しのつかないことになります。このゴタゴタ星でも」と言って、南西方向に指を差し、「危機一発で核戦争になるところでしたね！　最初は一発のつもりでも、相手も核弾道弾を撃ってくれれば、お互いが撃ち合って、核兵器がなくなるまで撃ち合うことになる。そうしたら、このゴタゴタ星の人々も半分は死んでしまい、生き残った人も、火傷や髪の毛が抜けたり、放射能汚染の野菜や動物や魚などを食って、一生苦しむことになったでしょう。まさに地獄と言った方が分かりやすいでしょう。このように間違った考えのもとに戦争になるので恐いのです。ゴタゴタ星の方々がどう対処するのかは、ゴタゴタ星の問題です。僕にはアドバイスはできますが、決定権はありませんので、僕の話はこれで終わります」と言って、話を終えた。シキ司会者が「それではゴタゴタ星で男性を受け入れるということに関して、ご意見をお願い申し上げます」と言うと、マロン国サミヨ大統領が「私の国はモンちゃんと馬太郎君の髪の毛と精子をいただきたいと思います。そして、全員性病検査をいたしまして、一個一個分離して卵子と結合させて受精いたします」と発言した。ムミ総理は「メルシ国は地球の方の男性の方をお願いしたいと思います」。ルミネ王は「サキノ国ではオオラ星の人達の精子と髪の毛をお願いしたいと思います」。ジオイ国サウム総理は「我が国は全員の男性の精子と足の爪をいただきたいと思います。それに我が国は昨年足の爪からクローン人を作ることに成功したのです。だから、手や足の爪の伸びている人からもいただきたいと思います」ということで、意見が分かれたが、一千年後にはゴタゴタ星の人口の三〇％が男性になるように計画されたのだった。

◎亀経済顧問の創造デフレ経済対策

平和な世界が五十年続いた頃、ジオイ国ではデフレ経済が十三年も続き、失業者が七百万にも達していた。サウム二世総理が「チコ経済大臣、経済的な見通しはついてないじゃないか？」と責めると、チコ大臣は「メルシ国の株が値下げしたので、我が国の株が値下がりして銀行の自己資本率が低下していて、中小企業に金が回らないのです」と弁明した。サウム二世総理が「ジオイ銀が他の銀行の優良株を買って自己資本率を上げるようにしたので、とうぶん危機は来ないと思うが、何が思い切ったことをしないと、いずれまた行き詰まることになるんじゃないか？　誰か良い案はないか？」と聞くと、亀経済顧問が「僕の考えを申しますと、そもそも経済がおかしくなったのは、土地問題であります。今の土地の譲渡税を短期譲渡も長期譲渡もなくし、一律二六％を一〇％にして景気が回復するまでは変えないとする。市街化調整区域もすべて廃止し、幅三メートルの道路でも家を建てても良いようにする。ただし、道より一メートルはバックして建てることとする。私道路の場合は強制的にすべて公道とする。田と畑の農地は農業振興地域以外では、一㎡でも会社員でも誰でも本登記ができるようにする。これは、定年退職者でも田や畑を買って、自分達で野菜など作って食べられるようになれば、万一お金が紙切れになっても安心だからである。田の場合、退職者や会社員で野菜などを作りたい人がいるにも関わらず、地目変更の為に、せっかくご先祖様が田を作ったのに土で埋めております。そんなことをしていたら、食料難になった時に国民に餓死者が出るでしょう。また、田は大雨の時の治水の役にも立つのです。田は池の役割をはたし、いきなり川へ水を流さずに水を塞き止め、川の氾濫を防ぎます。なお、この農地は本人が病気や老齢などで体が動かなくなった時には国が公示価格で買い取ります。そして、退職者に販売したり、厚生年金の代わりに持ってもらいます。そして、遷都の立候補になっている市の山林や原野などを㎡二千円～六千円で強制的に買い取り、造成工事をして、企業や個人に㎡十万～百万で販売いたします。そして、政治家などが口利き料や紹介料を取ることが出来ないよう、国会議員や県会議員などは、国から給料をもらうに当たり、一年三百九十日働こうと、すべて国の労働とみなすようにするのです。そうしますと、その収入は、○○議員に上げたものと言っても、国のものになります。つまり国民の物になるのです」と釈明した。

サウム総理が「そうすれば、企業から政治献金としてもらった金も、国の国庫に入れなければならず、そのもらった金を使えば、全国民の了解なしに金を使ったのであるから、横領罪になるのですか?」と問うと、亀経済顧問が「はい! そうです」と答えた。サウム総理が「それじゃ、もらった金はその企業に返さなければなりませんね」と聞くと、亀ちゃんが「いいえ! 国がもらったことになるので、議員が勝手に返すことはできません。一旦国庫に入れてから、全国民が返すことを了解しなければなりません。全国民のうち一人でも反対すれば返すことはできません。それに、その費用は本人が支払わなければなりません」と答えます。サウム総理が「それじゃ! とても返還は無理ですね」と聞くと、亀ちゃんが「ハイ! そうです。これは、一部の人が一千億儲けることにより、国民が一兆円も損害を被ることがあるからなんです」と説明する。サウム総理が「分かりやすくお話し願えませんか?」と頼むと、亀ちゃんが「木材を安く売るという国がX国とZ国とあり、X国は檜一兆分買い付けるのに政治家に口聞き料として一円も出さないという。Z国は杉の木を同じ本数を一兆円でその政治家に口聞き料を十億円出すというので、その政治家はZ国から杉を一兆円仕入れることにしました。X国なら同じ強度の杉を五千億円で仕入れることが出来たのです。だから、その政治家は十億円儲かりましたが、国民は五千億円損したことになるわけです。このようなことが実証された時には、その政治家に十億円の損害金の他、五千億円を支払えるまで刑務所で強制労働をしていただくことになります」と話した。サウム総理が「つまり、本人の副収入はなくなるんですね」と確認すると、亀ちゃんが「はい！　そうです。全国民の為にがんばる人だけが議員になります。ただし、国と県の赤字国債一千兆円を国庫に入れてくれれば、一個人に献金をしても罪になることはございません」と答える。サウム二世総理が「つまり、全国民に公平な政策にということですね」と聞くと、「はい！　そうです」と亀ちゃん。「ところで、相手国が有力者で、どうしてもほしい資源を買い付けるのに、賄賂をもらわないと売ってもらえないと思ったらどうするのですか？」とサウム総理が問うと、亀ちゃんは「それじゃどうしても必要な物で、国益にかなうなら、賄賂も仕方ないですな。それから山林のことですが、登記に載っている土地の面積が台帳の面積より大きかったり小さかったりするのです。登記簿謄本には参〇〇㎡と載っているのに、隣地の立ち会いをすると、壱五〇〇㎡もあったりと五十倍も多い土地もあり、また、参〇〇〇㎡と載っているのに隣地の立ち会いをすると五十㎡しかない土地がたくさんあって、トラブルの原因にもなりますので、森林簿と登記簿と大きく違う物件から、森林組合の人と所有者と隣地の人と立ち会いの上、双方で合意出来ればたとえ三〇％の違いがあっても良いので、地主立会調整五十㎡と書き直せば、大きな違いの修正が簡単に出来るのです。そして、実測図があっても、隣地の立ち会いをすると大きく面積が違う物件があるので、まず、調整〇〇㎡と金をかけずに直すことです。そして、その測量図と同じ大きさの公図を作り、出来る限り安くて簡単に、その物件が調査出来て、安心して売買が出来るようにしたら良いと思います。ジオイ国は土地の価値が高いのでデフレが長く続き、お金の動きが悪くなったら、そういった山林や原野をジオイ銀行が金を印刷して、公示価格で買い上げるようにするのです。将来的には、衛星よりジオイ国の全土を測量して、すべての土地を現金と同じようにすれば、ジオイ国の場合は不動産がいつでも現金化でき、すべての土地や建物も動産に簡単に替えることができればよいと思うのですが、いかがですか？　国としては、紙を印刷するだけで土地が手に入るのですから、強い国に変わると思います。そのまま、景気が良くならなければ、その土地で野菜や米を作るように持っていき、山の木の手入れをして、使えそうな材木を保管する倉庫を建てて、加工してその木で家を建てるようにして、国が土地を貸すのです。資本主義経済でも、人間は家に住み、食事をして、服を着なければなりません。その為には、たとえ仕事がないからと言って、資産も援助もなければ、遊んではいられないのです。その時には、働く場が必要です。最悪の場合には、衣食住を公共事業にしてでも食べていかなければなりません。そして、景気が持ち直したら、国が買った土地などを高く売れば、赤字国債は減るでしょう。それに我が国は海に囲まれているので海牧場を作ってワカメや昆布やノリや光合成食物を大量生産するような研究をしたりして食料増産ができれば、食料自給率が上がって安心感が出るし、健康管理は、小学校の頃から自然の食べ物を食べ、毎日散歩と柔軟体操と仕事に勉強にと楽しく出来るように工夫することで、ストレスが緩和されるだろうし、ヨーグルトや無農薬の野菜などを食べて腸を奇麗にしたり、小学校で教えてもらった経絡(けいらく)を押すだけでウンと病気は減ると思うんだよ。そして、医療費を減らして、赤字国債を軽減して、今より一年間の間に一家で七千万円以上の貯金や預金のある人には、景気協力税として貯金と預金を合わせた一割の金をいただくのです。ただし、この一年以内に二割以上の不動産を購入すれば、景気に協力したことになるので税金は免除する。百億円の預金の人が一年間で二十億円分の不動産を購入すれば、税金が〇円になり、十億円分買えば五億円の税金が来るということです」。サムイ二世総理が「それでは、金持ちからかなり反対意見が出ないかね?」と心配すると、亀ちゃんが「じゃ! 大銀行が倒産して、国債が大暴落をして、企業が連鎖倒産して、お金の価値がなくなり、物々交換しか通用しなくなったとしたら、誰が一番損をしますか?」と切り返す。サウム総理が「それは、たくさんの預金と貯金をしている人だろう、お金が紙切れになるんだから!」と答えると、すかさず亀ちゃんが「そうですね! 貯金も預金も〇円の人は、〇円が〇円になったとしてもお金の損はないのです。その後の生活のことを考えるなら、不動産が〇で、貯金と預金が十兆円あっても、物々交換しか通用しないようになれば、スタートがほとんど同じになるのですから、金持ちは真っ青ですね」。サウム総理が「つまり! 亀顧問は金持ちの為に協力税を掛けると言われるのですね」と感心すると、「ハイ! そうです。景気が良くなれば、市場経済に任せれば良いのです。たとえば、流れている川の水が止まれば砂を取って水を流れるようにしなければならないし、血液の流れが悪くなれば、血管内にへばりついた血液の塊や中性脂肪を取り除き、血液の流れを良くしなければならないように、お金もたえず動かさなければならないのですが、大金持ちで、もう、ほしい物は何もないから! という人は、金持ちの為に預金と貯金の一割金を協力税としてご協力願いますと、お願いするのですよ。そして、一人一ヶ所以上不動産を持っていて、利用していない山林(道路より百メートル以上離れた物件や崖や保安林などの土地は対象外)、原野、雑種地は現在の相場の約三割高で売値をつけることとする。そして、このように行政で動かし、市場経済で動くようになればストップする。つまり、一億人が失業しても行政で強制的に働き、市場経済で動くようになれば、そのまま市場に任せるのです。そして、銀行の自己資本率の不安をなくす為に預金者の預けた一割金は株とみなし、一割の分は今日の株の値段で計算をする。それは、メルシ国は国民が株の所有に力を入れ、我が国は預金が主力になっているからです。経済が行き詰まったので戦争をして景気を良くしようなどといった考えは、相手方に勝って景気が良くなって喜んでいても、負けた方は家を失い、職を失い、家族を失い、失望のうちに相手方に復讐を考えさせ、細菌兵器を独自に研究して何年か後に大量に散布して、その国が滅びてしまったら、勝った方も全滅してしまうことになりますので、目先の欲で突っ走ると、何十年後に後悔することもありましょう。それより、戦争で家がなくなったと思えば、強制的に金持ちに別荘を建てさせて景気の刺激にした方がよっぽど得です。それで、我が国はメルン国と同等の別荘保有国にもなるのです。大地震がきて自宅が壊れたり、いらなくなった物でも捨てずに保管場所にもなります」と亀ちゃん。議長が「え！　ただいま、亀大臣にデフレ対策について意見を言っていただきましたが、他にも良い方法がありましたらお聞かせ下さい」と聞いたが、一同はシーン。サウム（二世）総理が「他に良い方法に関する意見がないので、今、亀大臣が言ったことを法制化いたします。反対の人は意見を言って下さい」と言うと、ジオイ銀総裁が「そうしますと、とりあえず百兆円ばかりお金を印刷して、眠っている土地を買い上げるのですか？」と聞く。サウム総理が「ハイ！　そうです。十万円札を五十兆円分と一万円札を五十兆円分、一ヶ月以内に印刷して下さい。それから、百兆円のストックがありましたね、そのうち、とりあえず五十兆円分を明日から三ヶ月間で全国から相場の三割高で買い上げて下さい。それから、チウリ財務大臣、あなたは、全国の銀行や郵便局に連絡をして、預金と貯金の合計が七千万以上の家族から協力税として一割の金を出すか？　二割金分の不動産を購入するか？　と尋ねる書類を各省庁に連絡して下さい」と指示を出す。チウリ財務大臣が「急ぐんですか？」と聞くと、サウム二世が「今すぐこの隣の部屋から連絡して下さい。それから、カボチ大蔵大臣、ギンス県の知事に連絡して、ミライ市の原野や雑種地など現在使われていない土地を買い付けるように手配して下さい」。そう言われて隣の部屋から「イフ！　イフ！（亀顧問が近くにいる時にはハローと言わないようにしています。気分を悪くされるから）オオマ知事ですか？　私は大臣のカボチですが、明日からミライ市の原野や雑種地を買い付けして下さい。田とか畑は仮登記がしてあれば、当事者の契約書を見て買い付けして下さい。というのは、仮登記の場合はトラブルが起こらないように近所の人の評判を聞いた上で、評判の悪い人は行政で処分しますから、法務省の方へ連絡して下さい。それからミライ市の市長と相談の上、買い付けをして下さい。仮登記というのは、あくまで仮であり、物件の隣地の土地も田か畑の場合、地目変更の手続きの際に、承諾印が必要なんですが、中には半数以上、書類に印を押してくれない場合があります。そして、土地代金を受け取って、隣地の印鑑がもらえなかったから金を返してくれと言っても、裁判で負けたら返しますと開き直る人がおりますので、地目が変わり本登記が出来るようになった物件を買った方が安心です。ですから誰でも農振地域でない田と畑が本登記出来れば、トラブルが防げるのです。一般の人は難しい法律を勉強している暇はないし、長い間裁判をすれば、弁護士費用もかかるし時間がむだになるばかりか、本人のストレスがたまり、健康にも悪いし、その間収入がかさみ、生活にも影響しますから、法律はトラブルの発生を少なくするようにして市民が安心できるようにしなければなりません。そして、正しくて強い行政で、早く処理が出来るようにすれば、またがんばって働けるようになるのです。それに、先程、遷都すると決まったミライ市は相場の倍の値段で強制買い付けをしますので、手続きに取りかかって下さい。地主と国の契約が済み次第、お金はジオイ銀から地主へ直接振り込みます」とカボチ大臣。オオマ知事が「もし、売りたくないという人がいたら、どうするのですか?」と聞くと、カボチ大臣は『先祖代々から引き続いてきた土地だからどうしても売れない!』と言われたら、今回は景気が十三年間も停滞していて、このままだと我が国が恐慌になり、それが世界中に広まることを防ぐ必要がありますから、政府は、あなたの土地を今の相場の倍の値段で買い付けるのです。これは、強制ですから、他の土地を買うなり、住まいや別荘を建てるなり、宝石を買うなり、着物を買うなり、預金をするなりしてくれるのかと確認し、これは国の一大事業ですから、並みの反対は通用しないことを地主さんにお話しして下さい。行政処分をしてでも買い付けをすることは間違いありませんから！　そこまで決意した決定であるとお伝え下さい。明日契約書を送りますから」と携帯電話を入れて、カボチ大臣は会議室に戻りました。翌朝インフレ対策が新聞に載り、株が値上がりしました。サウム総理は亀顧問の二百五十歳の誕生日のお祝いに出かけました。サウム総理が「この度は、二百五十歳になられてますます元気な姿を見まして、嬉しく存じ上げます。ベリー国から、このゴタゴタ星に来ていただきまして、本当にありがたく思っております。昔、九千兆の一兆乗光年の地球から佐藤博士ら一行と一緒に来られて、博士のお子さんが別れるのはいやだ！　とずいぶんお泣きになったのを、我が国は、亀さんは昔から縁起が良いし、核兵器でこのゴタゴタ星が破滅する寸前だったのを救っていただいたこともあり、また、戦争が起きないようにと思って無理にジオイ国で生活をしてくれ！　と頼んだのだと母から聞きました。それなのに、他の大臣らが亀顧問の言うことはのんびりした心と体の健康を重心においた政策で、他を踏みにじっても競争に打ち勝って行く！　といった考えでなかったので、静かに余生を楽しんでおられるところを、今回経済がにっちもさっちもいかなくなったので、このインフレ対策をお願いしたのです。そして、私自身が話を聞いてみて良いと判断すれば、すぐ実行しようと決断しました。たとえ、うまくいかなくても、言われたことを実行していけば、また新しい考えが出て来るのではないか？　と思ったのです。過去に経験したことがない以上、十回でも百回でも挑戦するぐらいに粘りのあるしぶとい心も、時には必要だと思いました。このゴタゴタ星では一番長生きしているのが亀ちゃんです。今後もご指導の程よろしくお願い申し上げます」とねぎらった。

◎簡単な法律に！

亀顧問が「法律がややこしすぎて、法律に詳しい人が得するということは、公平ではないので、小学生の五年生の生徒でも全部分かるように、法律を漫画にしたらよいと思います」と提案すると、サウム二世総理が「つまり簡単で分かりやすくせよ、ということですね」と確認する。亀ちゃんが「はい！　そうです。一般の人は難しい法律の勉強をしている暇はないのですから、分からんことがあったら自分の子どもに聞くんですよ！　そして、子供がすらすら答えられなかったら、もっと簡単にならんのか？　と言って、一般の人から市役所に申し出があるようにします。すると、政府の役人は分かりやすく書類を訂正して書いて、小学生に原文をチェックしてもらうんです。そして、『これでは、どういう意味か分かりません』と言われたら、役人は『これは、これこれこういうわけです』と根気よく説明します。そこで子供が『説明を聞いて良く分かりました』と言ったら、役人は『子供に説明をしましたら良く理解しましたので原案を通して下さい』と上役に言います。ところが上役は『じゃ！　全国民に説明に言ってもらえますか？』と依頼するのです。役人は『えっ！　どうしてですか？』と当然理由を聞くでしょう。そうしたら上役が『だって、この書類は、読んだだけでは理解してもらえなかったのでしょう。だから、全国民にも、いちいち説明してあげないと、この書類を読むだけでは理解できないのでしょ？』と言うのです。そうすれば役人も納得して、『分かりました。もっと簡単に書かせてもらいます』。このようにして、子供の頃から法律にふれたり、脳の活性化と社会性を学ぶ為にも、よく歩き、よく喋ることに慣れ、おじいさんやおばあさんの所に政治経済のことを聞きに行ったりして、小さい時から政治に関心を持たせるのです。今現役の政治家より小学生の方がこの世で長生きしなければならないのです。自分達の将来を生きぬいていかなければならないからです」と詳しく説明した。

◎ジオイ国の企業精神

続いて亀顧問は「平和が続くと、それが当たり前のように思われがちですが、もし他国が占領してきたり、軍隊でもって圧力を掛けられると自由が無くなります。それは動物の世界を見ても分かります。一万㎡の原野に枠を作り、外に出られなくして何種類かの犬や熊や羊や兎やライオンを入れますと、たとえ、兎の方がライオンや熊に襲いかからなくとも、ライオンや熊が襲ってきて食べられてしまいます。

兎が私は何も悪いことをしていないのに、どうして襲うんですか？　と言っても、腹が減ったから襲うんです。兎の安全は体全体を毒針で覆うか、素早く走り回って逃げられる体力をつけるか、洞穴を作るかして、守らなければなりません。人間は理性があるから大丈夫という人は、兎が何も悪いことをしていないのだから相手は攻撃してこないと言っているのと同じです。軍隊があり、核兵器があり、艦隊があるのは、相手に攻撃出来るのと、相手から身を守るためと、両方の理由からです。そして、戦争になって負けて治安が乱れれば、百億の資産があろうと、強国者がずる賢い国であるならば『良い家があるじゃないか！　もらっておこう』ということになります。そこで弱国が『それは、私達の家でございます』といくら言ったって、強国者は『うるさい！』ズドン！　で終わりです。強国者が『なかなか奇麗な娘じゃないか！　ワシの相手をしろ！』と言った時に、弱国者が『いやです』と拒否したって、強国者は『そうか！』ズドン！　です。強国者に『何、今年は百億円儲けたのか！　じゃワシに五十億円よこせ』と言われて、弱国者が『いやでございます』と言ったって、強国者が『そうか』ズドン！　で終わりです。

他国に軍隊がある以上、守りも絶対必要です。そして相手方の軍事施設を一瞬に叩いてこそ、費用の面でも安くなります。飛んで来るミサイルを全部迎撃ミサイルで撃ち落とすのは、こちらが相手方の十倍のミサイルを持っていても無理でしょうが、相手のミサイルの発射施設や製造施設を爆破すれば、潜水艦と空母の撃墜だけになりましょう。こうした考えで、軍事的に強く武装して企業や個人を守らなければ、いくら企業や個人が資産を貯めても、一瞬のうちに〇になることもあります。自国が強くて、その上で正義論をふりかざせば、相手方は攻撃することが少ないのです。だから、まず国があってこそ安心して暮らすことができるのです。その為には、いざという時の為に、国民が全員兵隊になれるよう心得ておき、各市に射撃場を作り、国民全員が銃の取り扱い方や射撃訓練を簡単に出来るようにするのです。そして、企業は利益がなければなりません。他の企業と競争するのであれば、研究や開発費もいります。そして、安心して働き、ストレスの少ないように持っていかなければなりません。ですから、企業は能率給を採用して、賃金の格差をつけ、実力のある人との差は給料が五倍にもなったっていいのです。だって、次の年には、逆転することもできるのですから。ただ、家族主義の会社だと、いじめで辞める人はいなくて、自分から辞めることがあっても、会社から首を切ることはほとんどないので、一度会社に採用されますと、安心してその会社に尽くせます。会社が赤字の年には半年後以降に全員の給料が下がりますが、会社の利益が上がりますと、研究費や設備投資に回して大きく利益を出してから、その上で半年後には全員の給料を上げれば、会社は負債がないので安定いたします。会社が安定し、経営者がしっかりした経営をしておれば、働いているみんなも心の余裕が出るでしょう。不景気が長く続いたとしても、失業者が余り出ないような社会がよいでしょう。このような考えは、働く人は会社が倒産してしまえば自分達も働く所がなくなり、いずれ国力が落ちてきて、みんなが困るようになるから、力強い会社になってもらいたいという考えだったのです」と訴えた。

◎一千年デフレが続いても経済が安定している方法

「それは、膨大な研究費と長年月日の社会的信用をお金に換算すれば、すごい金額になるのですから、個人の給料が下がっても、その分消費者物価が下がっているのだから、生活は余り困らないのです。それが、失業して収入が〇になれば、とたんに生活が出来なくなります。だから、個人の給料の誤差がかなり出ようとも、会社自体は決算が毎年実質赤字に近い数字になるようにしなければなりません。そして国は、デフレが百年続き、百㎡の家が百万円で新築が買えるような政策をすれば、一ヶ月の給料が三万円にまで下がっても生活は出来るのです」と亀顧問が続けると、サウム総理が「それなら、七十年前に戻ったような物価高だわね！」とツッコミを入れる。「そうです。昔もジオイ国の人々はよく働いたもんじゃろう。その前は会社や問屋へ丁稚奉公して、商売のやり方を覚えたり、大工の棟梁に家の建て方やカンナの削り方など色々と教わったものなんだ。その間の三年間ぐらいは余り給金がもらえなかったんだ。人間は働くことが喜びであり、楽しみでもあるんじゃ！　だから国としても、色々なことを覚えて一生懸命働いてもらえば、国力はつくし、国民の生活も安定してくるんじゃ！　安い給料で使われるのがいやなら、早く商売の儲け方を覚えて、自分で会社を作ったらよいではないか！　今までの社会は何度もインフレにはぶち当たってきたから免疫も出来ているが、デフレは三十年続いたらどうなるとか全然分かってないので不安なんじゃ。だから、前にも言ったように、今度は景気が低迷すれば、貯金や預金の合計額が三千万円以上のある家庭からは、この一年間以内に七％の景気協力税をいただくようにする。ただし、貯金と預金の一四％の土地や家を購入すれば、税は免除する。そして、年配の人で、土地や家を購入した為に、生活が行き詰まったと判断した場合は、現在の相場の九掛けで政府が買い取るようにすることです。とりあえず、遷都の予定地だったミライ市から始めれば良いでしょう。ジオイ国はほとんどの資源を外国から輸入している関係上、石油はプラスチックや洋服などの原料になりますが、原子力はエネルギーだけで洋服の原料にはならないので、石油がタンカーテロなど何かの都合で手に入らなくなっても都市として機能するように、たとえ、住民の反対があろうとも、この都市には原子力発電所を造ることです。原子力の反対者の土地は開発する前に開発の前の相場の倍の値段で買い付けして、他の場所に引っ越しをしてもらえばよいのですから！　そして、原子力発電所が安全管理の面で他の勢力により破壊されそうな時には、それらを撃ち落とす権限を発電所の管理官などに与える必要があります。ところで、サウム総理は芝や枯れ草などで火を燃やした経験がありますか？」と亀ちゃんが聞くと、サウム総理が「ガスで魚を焼いたり、ご飯は電気炊飯器で炊きますので、経験はございませんわ」と答える。亀ちゃんが「そうですか！　雨に濡れた芝に火をつけようとしてマッチをすっても火はつきません。だから、乾いた紙を雨の濡れていない部分の芝などに集めて火の気を大きくしなければなりません。そして、雨に濡れている木に火をつける時には、下から空気の通りを良くして芝を燃えやすくします。やがて、火の勢いが増して来ると、廻りの芝や木が渇きにかかり、やがて燃え出します。そして、熱を持った薪が出来て、温度が上がります。火の勢いはますます強くなり、湿っていた芝や木材までが勢いよく燃え出すのです。これと同じで、現在我が国の経済は十三年間も冷えきっています。土砂降りの雨に濡れて木の中心まで湿っているのです。ですから、このミライ市には、やる気いっぱいの企業や商店などに集まっていただいて、景気をよくするのです。このミライ市に住もうといった元の住民の人にも土地代が入って、新築する人もたくさんおりましょう。企業や商店のビルがどんどんできましょう。景気の良い所をテレビや新聞で人々が見たり聞いたりすることで、湿った気分が吹っ切れて、全国に広がって行くのです」と訴えると、サウム総理は「よく分かりました。とにかくこのことを実行してから考えましょう。それに、宇宙は無限といえども、他の惑星から資源を持って来ることは不可能に近いのであって、ムンから一部の資源を持ち帰れる程度でしょう。だから、世界中の人々全部が大きな家に住み、大きな車や飛行機を乗り回せば、ゴタゴタ星の資源は早くなくなるでしょう。それに、どんどん子供を生む国には、人の命は地球より重いと言って食料を無償提供していき、その国の人々だけで二十億人にもなってしまったとかの事態になると、世界的な大地震と食料難になった時に、大戦争になることもありえます。そこで、バランスの取れた政策を考えて、ジオイ国の全国民からも広くアイデアを集め、一市で実験のつもりで試してみるのも良いでしょう」と応じた。

◎頭が良いとは！

亀ちゃんが「ベリー星の時は、体力、気力、洞察力、創造力、記憶力、思考力、説得力、危機管理能力、行動力、忍耐力、包容力、演技力、応用力、判断力、統率力、分析力、直感力、予知能力などが総合的にすぐれている人を頭が良い人と言ってましたが、ジオイ国では、記憶力だけが良い人を頭が良いと言っているので、直した方が良いと思います。テストの時は、『あなたはこのデフレ経済をどのように克服したら良いと思いますか？』『あなたはこのジオイ国の安全をどうしたら良いと思いますか？』『あなたはジオイ国の一年先〜十億年先まで考えてどうなっているのが良いと思いますか？』『あなたが企業の社長になったら、どのように経営したいですか？』というような問題を出すべきです。これらはよく考えないと答えが出てきませんが、たとえ間違ったとしても、考える力がつきます。そして、現在の経済や世界情勢を考えるなら、お金がたくさんある人は、お金だけに頼らず、自分で健康管理が出来て、自分で食べものが確保出来るようにした方が安心だと思います。僕の考えはジオイ国が戦争に巻き込まれても、お金が紙切れになっても、慌てなくても良い体制だけを整えた上で、日々を楽しむことだと思います。もちろん一人一人考えは違っていて、中にはその都度慌てふためいて、にっこりしたりガックリしたりしながら、人生を楽しむ方もいます。資産のあてのない人でも、若い頃から自分で会社を作り、『自分の会社の社員を十ケ国の大統領領に育て上げるんだ！』とかの大きな希望を持ってがんばってみれば、生涯で、中小企業の社長になっただけでも、一般人に比べれば成功者だと言えるでしょう。そのように大きな夢に挑戦した人が一万人出れば、その中の一人ぐらいは自分の思った通りの人生になったという人が現れるでしょう。なかなか希望通りにいかないのが人生です。後年になって振り返ってみて、苦労した人の方があとで自慢する人が多いのを見ても、若い頃の苦労は肥やしになるということなのでしょう。物事は良い方へ考え、自分の好きなことや興味のあることをしている時は、脳が活性化しているのですから、いやなことを深く考え続けず、楽しいことを見つけるようにした方が良いと思いますが」と続けた。

◎藤生明君の昔話

ゴタゴタ星のルンルン国のキクミ大統領は、明君に昔話をしている。「あなたに地球での生活や環境など色々聞いてまいりました。このゴタゴタ星と違うのは、私達は今でも女性中心の社会だということですけど、それ以外はいろんな面で余りにも似ているので驚きました。このように宇宙で言葉が通じる星というのは何分の一なんですか?」という大統領の質問に答えて、「おそらく九千兆の一兆乗個に一個の星の中でも、このように言葉を喋って通じるのは二~三個の星だけだと思うし、一個もなかったという場合もたくさんあって、正確には分からないよ」と明君。大統領が「佐藤博士達が地球に帰られて五十年になりますが、このゴタゴタ星には来てもらえませんでしたね」と言うと、明君が「それは仕方ないよ! 余りにも遠いんだから。一億光年ぐらいなら途中で巨大BHの引力に影響されないけど、九千兆の一兆乗光年先に地球があるんだから、まさに、ここに来られたのは奇跡なんだよ」とかばいます。大統領が「モンちゃんがお持ちになった悪思考細胞消滅器のおかげで、選挙もなしにずっと政権を任されてきたけれど、あなたによく似た子供も千人ぐらい生まれて、私は名前だけで、ほとんどの仕事は副大統領がこなしているんだから、引退しようかしら?」と弱音を吐くと、明君は「それはだめだ! 君の人望のおかげで国が安定しているのだから、生きているうちはがんばってもらわないと」と励まします。大統領が「それにしても、あのモンちゃんの子供達には助かりました。この宮殿も建ててから三十年になるのに、嵐が来たってビクともしないんですもの。私達女性ばかりが建てた家は、何とお粗末だったでしょう。それに、地球から色々な野菜の種を持って来ていただいたのには、本当に嬉しかったわ。柿やりんごや栗やカボチャやほうれん草や大根やにんじんなど、このゴタゴタ星にはなかったんですもの。あなたは料理がお上手なので、たいへんおいしくいただきましたし、健康にもなりましたわ」とほめると、明君は「おい、おい、今日はいやにほめてくれるじゃないか?」と照れます。大統領が「あら！　そうかしら？　たぶんあなたがお昼のちゃんこ料理を作って下さって、ゴマを入れるとおいしいからと言って、たくさん擂っていただいたからかしら？　そのせいでお世辞がうまく言えるんですわ、きっと。それに、ずっと前から聞こうと思っていたんですが、なかなか話しずらくってだまっていたことがあるんですの！」と言うと、「なんだい？　君らしくもない。言ってみろよ」と明君。すると大統領が、ためらいながら「実は、私はあなたを一目見て気に入ったのよね！　そして、あなたに地球に帰らないでルンルン国にずっといてくれないかと頼みましたね。そうしたら、あなたは『この国では男性は僕一人だから、いつもあなたの相手をしていると嫉妬されて困ることになるから、君はこの国の大統領なんだから、物事は公平にしないと不満が出てからではいけないので、私と肌を合わせるのは一週間に一度で、あとは、全国の女性の中から一日三人ずつ僕と接して、少しでもたくさんの人に男性という者を分かってもらいたい』と言われるので、『それもそうね』ということになって、長い間私は我慢してまいりましたけど、あれは本心だったのかしら？」と大胆に聞く。明君は「えっ！　ああ！　そ、そうだとも！　君も、この国も男性を増やしていこうと言ったじゃないか！　だから、僕は少しでもたくさんの子供を作らなくちゃと思って、一生懸命がんばってきたんだから！」としどろもどろ。大統領が「そうね！　変なこと言ったりしてごめんなさい」と素直に謝ると、明君は「いいよ！　そのおかげで、生まれたたくさんの子供が君を応援してくれているので、僕も嬉しいよ」と答える。大統領が「あなたの相手をした女性が帰られた後で、朝食をとる時には、あなたはいつも苦虫顔だったけど、無理にニヤニヤするのを堪えていたんじゃないんですか？」と迫ると、明君は「そっ！　そんなことはありませんよ。いつも心は君のことでいっぱいだったんたから！」とその場を繕う。大統領が「そう！　むきになって言わなくても良いわよ！　ちょっとからかってみたくなっただけだから！」と笑いながら言うと、明君は「ところで、この近所で確か五月十日だったと思うけど、宝石店で強盗があって、十三日前デパートで食料品を買いに行った帰りに団地の人達が話をしていたので、話の仲間に入れてもらったのだけど、団地内でも盗難が増えているんだって言ってたよ。ベテランになるとカギがかかっているドアを一分もかからずに開けてしまうそうなんだ。それが、ドアの郵便受けに回覧板が差してあったので、泥棒がこの家は今留守だと判断したらしいんだよ。その回覧板の中身は何が書かれていたか、当ててごらんよ」と話題を変えると、大統領は「そうね！　町内のお祭りの予定日かなんかじゃないの？」と応じる。「そうじゃないんだ。実は、『この頃盗難が多いので、警察署から盗難防止に関して説明会を開くから、十日の日に南集会所へお集まり下さい』と書いてあったんだって！」と明君。大統領が「それは、とんだ災難だったわネ。国民の財産や安全に関しては国の責任でもあるので、刑罰を重くして、失業者の少ない社会になるよう取り組まなくちゃならないね」と決意を新たにすると、明君が「とにかく、最悪、一億国民が全員失業したって、服などを着て家に住んで食事をしなくてはならないのだから、基本は、失業中の人にも全員公共事業として国や県や市の所有している土地に家を建てて、食べ物を作って、自活できるようにしたら良いと思うんだけど。ところで、この国の原子力エネルギーの発電量は何％ぐらいになっているんだい？」と聞く。大統領が「そうね！　八〇％ぐらいかしら！　水力発電が一五％で、風力発電が四％で、あとはもろもろかしら」と答えると、明君が「今、電気自動車の電源は各町内に一

佐藤博士の妻
ちひろちゃんの母
真麻婦人

茜ちゃん
夕日テレビの記者

吉野初
警視総監
博士の友人

クロチ星
センスビー
ブラックホールマン
月の質量
軽くなったり自由に変身
マーチャン号の設計図で自分が変身し、三千兆年の間に人間の住んでいる一億個の星でいろんな人間に変身して生活体験する

クリー
子犬
センスの変身
皮膚はドリルでも穴が開かない

鷲
センスの変身
エサを食べなくても平気
また、どれだけ食べても大きくならない

ヶ所あるんだけど、石油で電力を起こしていた時には電気自動車はあったのかい?」とまた聞く。大統領が答えて「その時は、一〇〇%ガソリン車しかなかったわね。電気で動く車でも、元の電源が石油だったら公害車だもの」と言うと、明君が「他にもエネルギー源を研究しているのかい?」と聞くと、大統領が「あなた達がこの国に来てから質量の小さい超ミニのBH同士を衝突させて、エネルギーが出来ないか研究している国があるけど、私はそれには反対なのよ」と言うと、明君は「どうしてだい。成功すればネネルギーに困らないじゃないかい」と質問する。大統領が「だって! もし実験して成功して、このゴタゴタ星が一秒でも全体が一千億度にでもなれば、どうなると思う?」と聞くと、明君が「そら! 困るよ。ゴタゴタ星の生き者はすべて燃えつきてしまうよ」と答える。大統領が「そうでしょう! 新しい科学の成功は良いことは便利になって良いけど、悪い方になっても効果が効きすぎるのよネ」とこぼすと、明君が「もし! 悪用されるといけないから、特に世界中の犯罪者や科学者や政府の関係者と大金持ちと報道関係者と軍人と警察管と学校の教師は、悪思考細胞消滅器に掛かってほしいね」と応じる。大統領が「この機械の設計図は私とあなたと子供達だけが持っていて、他の人には秘密にしているのよネ。もし、悪い人にこの設計図や機械を全部処分されたら困るもの。それに少し気にかかることがあるのよ?」と言うと、明君が「なんだね! それは?」と聞く。するとキクミ大統領が「だって! あなたはこの機械に一番よく当たっているのに、毎日毎日違った女性と接しているじゃない! ほんとに効くのかしら?」と本音を言う。明君が「おい! おい! その話はもう勘弁してくれよ!」と困惑すると、大統領が「それから、あなたのお友達の亀ちゃんが髪の毛と爪からでも遺伝子操作でクローン人が出来るからと言われるので、機械を分けてもらったから、あなたに似た人がたくさん生まれたわね」。明君が「そうだね。余りに似ているんで、左手に刺青で名前を書いたんだったね。二十歳の時に合同成人会で集まってドンチャカ騒ぎをしたことがあったっけ」と応じると、大統領が「それでね！　私は調べたんだけど、髪の毛の遺伝子で生まれた子はどんな女の子にもやさしかったけど、あなたの爪から生まれた子は私から見て可愛い子ばっかりだったのよ！　これって地球の『爪の垢を煎じて飲め』ということわざ通り、あなたに特に似た子が生まれたのかしら？」と聞く。明君が「今日はくどいよ！」とたしなめると、大統領が「あなたが女性を口説く時にどういう話し方をするのか聞いてみたのよ」。明君が「まだ終わらないの」と少々むっとして言うと、大統領は「そうしたら、『メグミちゃんのそばにいるだけで、この胸がドキドキするんだ。本当は心から大好きだよと言いたいんだけど、勇気のない僕は言葉に出して、はっきりと言えないから、君と話していて君の吐いた空気を胸いっぱいに吸い込んで、心で思うんだ！　君を心から愛しているよ！　と。君も僕のことを愛してくれるかい？　と聞くと、その空気が君の胸の中に入っていって、ハイ！　と答えてくれたんだよ。僕は感激しちゃったね！』だって！　私にはそんなこと言ってくれないじゃない！」とからむ。明君が「それは、君を世界中で一番信頼しているからだよ！　何にも気を遣わなくても良い人は君しかいないんだから！」と言い訳すると、大統領は「ありがとう！　何だか今日は一番良い日みたいよ」と言って甘い甘いキスをする！

第十八章——ブラックホールマンの住んでいた星

直径五十キロメートルの隕石が地球に直撃か？

第十八章―ブラックホールマンの住んでいた星

佐藤博士ら一行は地球を目指して飛び立ったのだが、地球より三千那由他光年離れたクロチ星に難着陸をした。それは、地球に向かっていく途中に、巨大質量を持ったＢＨの引力と宇宙船マーチャン号の引力とが反発し合って、弾き飛ばされたからだった。しかし運良くクロチ星に七億年も住んでいたＢＨマンに助けられたというわけだ。ＢＨマンは自分のことをセンスビーと呼んでいる。彼女は、太陽の数倍の質量を持ったＢＨ同士が秒速四十キロメートルのスピードで斜めに衝突して、大爆発をして、四方八方へ飛び出したのだが、月の質量の一部分だけはＡＭＳ核融合反応をせずに、直径三メートルの大きさ（たくさんの星を飲み込めば引力が強くなって直径一ミリ以下のＢＨになる）のＢＨのままでクロチ星に衝突して、地中の五キロメートルのところまで潜り込んでしまったのです。このクロチ星は今から十億年前に五十億人の人間が住んでいたのですが、ヤルヤ国とウケミ国とが対立していて、ヤルヤ国から国を守る為に、ミサイルが飛んできたら自動的に反撃出来るようにセットされていたのです。ところが大地震があって、誤作動を起こし、勝手にミサイルが発射されて、猛毒に変わる細菌化学爆弾が爆発したので、ヤルタ国も反撃に出て、世界中を巻き込んだ戦争になってしまったのです。生物兵器の猛毒で攻撃的なゴキブリによっても、たくさんの人々が死にました。この星の人間は超執念深いので、引力の強いＢＨに怨念が吸い込まれてしまったのです。そして、このＢＨが意識を持ったのと、引力を好きなようにコントロールするようになって、モグラに姿を変えて地上へ這い上がってきたのです。地上ではヘビになったり熊になったり、鷲になったりして。このクロチ星で十億年も過ごしていました。そして、大空を飛んでいる時、宇宙船マーチャン号が回転しながら落ちてきたので、直径一キロメートルの大鷲に変身して、マーチャン号を背中に乗せて着陸させ、すべり台に変身して、無傷のまま地上に下りました。そして、二十億の女性の中から一番愛嬌のある女性の姿に変身して、『よくおいで下さいました。私はセンスビー（センス）です』と博士ら一行に話しかけたのです。全員大鷲の背中に乗せられていたのを知っているので、気が動転していました。一番冷静な博士が「いや！　こんにちは！　あなたは今まで大鷲だったのに、このような可愛子ちゃんにも変身出来るのですね？」と聞くと、センスは「あなた達は変身出来ないのですか？　鷲に変身してその円盤をつかんで下ろせば良いのに、どうして回転して落ちてくるのかと思って、あわてて背中に乗せましたのよ」と答える。博士が「それにしましても、直径一キロメートルぐらいあったように見えましたけど」と言うと、センスは「あなた達は大きくなったり小さくなったりできませんの？」と聞く。「そんなことはできませんよ」と博士が言うと、センスは「それにしてもうらやましいわ！　こうしてたくさんの人達と一緒にいて、お話が出来るんですものね！　私なんか！　十億年も一人ぼっちだったんですのよ」とこぼすと、博士が「えっ！　十億年って？　あなたは死なないんですか？」と驚く。センスが「あなた達は死ぬんですか？」と問うと、博士が「そうです。生まれたらすぐに死ぬ人もいますし、百年ぐらい生きる人もいます。しかし百二十年生きた人はいません」と答える。センスが「まー！　そんなに寿命が短いのですの？」とびっくりすると、博士が「あなたを生んだ親はどうなったのですか？」と聞く。センスが「言っている意味が分かりませんが？」といぶかしがると、博士が「あなたを生んだのは誰ですか?」と聞く。センスが「分かりません」と言うと、博士が「とにかくありがとうございました。あなたがいなかったら、もう死んでいたでしょうから! ところであなたはふだんどこにお住まいなんですか?」と尋ねる。センスが「住まいと言いますと?」と聞くと、博士が「つまり家です」と説明する。センスが「ああ! 家ね」と言って、家に変身してから、元の姿になりました。博士が「いや! 驚きました。一瞬のうちに家に変身出来るなんて、とても信じられないことばかりです。そのような家は造っていないのですか?」と聞くと、「家はないですけど洞穴(ほらあな)ならありますわ」とセンス。博士が「ところで、ここにはあなた以外の動物はいないのですか?」と聞くと、「話の出来る生きものは私だけですけど、色々な動物はおりますわ」との答え。博士が「ところであなたは、いつも何を食べているのですか?」と聞く。「動物同士が食べっこしていることね。草を食ってるのもいるし。私は十億年何も食べたことがないけど、どうして草を食べたり動物同士で食いっこしたりするのか?不思議ねえ?」。博士が「いや! 我々は米や動物の肉などを火を起こして煮たり焼いたりして食べないと死んでしまうのですよ」と言うと、「そうなんですか? 不便ねえ」とセンスはちょっとあきれ気味。博士が「僕はあなたのことがまだ分からないのです。僕達が住んでいた地球にはお化けというものがあって、人が死ぬと幽霊になるというのだけど、それは、物を持ち上げたりすることは出来ないし、このように触っても通り抜けるだけなんだから! それにこれはほんとにいるのかいないのかも分からないし、もし! あなたさえよかったら、地球に来てみないか? 地球にはレントゲンという機械があって、あなたの体の構造が写真に写し出されて、どういうふうな物質で出来ているのかが分かると思うんだけど！　あっ！　それからあなたは今家に変身したけど、家の重さに変わることができるのですか？」と問うと、センスが「あなた達は出来ないのですか？」と逆に聞き返す。博士が「重くなったり、軽くなったりは出来せん」と言うと、センスが「そうなんですか？　私は自由に出来ますわ。それに、この地下に穴を開けて、向こうの地上に出ることも出来るんですけど！」と自慢する。博士が「えっ！　この下を通り抜けることが出来るんですか？」と驚くと、センスは「簡単よ！」と言うや、長さ七メートルのロケットの姿になって、土の中にもぐってみせた。博士が「いや！　驚きました。地中は何万度もある場所もあるだろうし、あなたは意識を持った生きているBHだと言った方がよいね。とても！　信じられないことだけど、こんなことがあるんだね！　いや！　びっくりのしどおしだよ！」と素直な意見を言うと、センスは「ねえ！　その地球とやらに連れてってくれない！　私、もう話し相手がいないのはいやよ！」と懇願する。博士が「分かりました。地球にお連れしますが、約束してもらいたいことがあるんだ！　それは、ぜったい僕の言うことを聞くということなんだ。それに、君はどんな動物でも殺そうと思えば簡単に殺せるんだから、そうなると、君を利用して、地球を乗っ取ろうとたくらむ人も現れるだろうから、絶対に人を殺さないことと、君のことはあくまで人間になりきってもらいたいのだよ。君は食事をしなくてもいいようだけど、もし動物や草などを食べたらどうなるんだい？」と聞くと、センスが『分かりませんわ。ちょっと待ってて』と言ったと思ったら、牛を殺して前に現れた。博士が「僕達もその肉を焼いて食べたいのだけど、その牛をバラバラに出来るかい」と聞くと、一瞬のうちにバラバラになったので、今度は火を起こしたいので木と芝がほしいのだけど、我々は大きな木に体が当たると簡単に死んでしまうので、僕達より五十メートルばかり離れた所に置いてほしいんだ」と言うと、五分もしないうちに芝の山が出来たので、マーチャン号からマッチを持ってきて火をつけた。それを見てセンスは驚いた。火を見るのは初めてだったのだ。焼いた牛を食べながら、僕は佐藤秀春と申します。こちらはミンちゃんですと紹介すると、「私をぜったい食べないでね！」。隣にいた馬太郎君がガタガタ震えて「ぼ！　僕も間違わないでよ。僕は馬太郎というんだ！　よろしく」。猿彦君が「僕は猿彦ですよろしく」。センスが「まあ！　この星にはあなたとよく似たお猿さんはたくさんいますのよ！　だけど言葉は話さないわ」と言うと、猿彦君が「僕はね！　ベリー星という星から来たんだよ。僕の星には話の出来る動物がいっぱいいるのさ」と応じる。センスが「そうなの！　このクロチ星の動物達も話が出来ればよかったのにね。ところでこの肉ってとってもおいしいわ」と言って、大半をセンスが食ってしまった。どうやらいくらでも食えそうだったので、博士が「地球では、今僕達が食べた量にしてもらえないと君が人間でないことがすぐにばれてしまいますよ」と言うと、センスが「分かったわ！　私って何万頭でも食べられそうね」と言うので、博士は、はっとして、「君がその気になったら、このクロチ星の木を全部引き抜くのにどれくらい時間がかかるかい？」と尋ねる。センスが「やってみないとわからないけど、一週間ぐらいでできると思うけど」と答えると、博士が「何度も念を押すようだけど、もし！　地球で君が本気で暴れたら、地球が壊れてしまうから、絶対静かにしていてもらいたいのだ」と言う。センスが「分かったわ、一人の人間の振りしていればいいのね」と言うと、博士が「だから、僕の言うことを聞くということが絶対条件さ。そして、町に出る時はとうぶんの間はここにいる人達といつも一緒に行動をしてもらいたいのだよ。人間はこの牛より簡単に死ぬんだよ。そして、人と握手をする時は、君にとっては全然力をいれていないようでも、人間の骨が砕けるといけないから、人間社会に慣れるまでは僕達と一緒にいてもらわないと大騒ぎになるからね」。「よく分かったわ。あなた達って壊れやすいんだね！　今夜は、私がお家の形になってあげるから、そこで寝るといいわ」とセンス。博士が「いや！　ほんとに助かります。何てお礼を言ってよいのか分かりせん」と恐縮すると、センスが「私の方こそ！　十億年たってやっと話し相手が見つかって、とても良い日だったのよ」

そして翌日、マーチャン号はセンスを乗せて地球に出発した。

◎宇宙船マーチャン号が地球に帰る

名古屋国際空港に下りたった一行に対し、報道関係者が一斉に写真撮影とインタビューをしたが、馬太郎君とミンちゃんと猿彦君がいたのにはみんなが驚いた。夕日テレビの茜ちゃんや他の記者が「あなたは、私の言葉が分かりますか?」と聞くと、馬太郎が「ええ！　分かりますよ！　それにあなたがってもチャーミングであることもはっきり見えますよ」と答える。茜ちゃんが「ありがとう！　あなたは、どこの星から来られたのですか?」と聞くと、「僕はベリー星から来ました。地球は僕達の星とよく似ているので驚いています」と猿彦君。茜ちゃんや他の記者が「佐藤博士、お疲れさんでした。約三ヶ月ぶりのお帰りですが、いかがでしたか?」と聞くと、博士が「ベリー星には一瞬のうちに着くことが出来ました。そして、地球では動物ですが、ベリー星では二本足で歩いて言葉を喋るのにはびっくりいたしました。それは、隣にいる僕達人間とそっくりなオオラ星の人達が、猛毒クマンバチに絶滅され

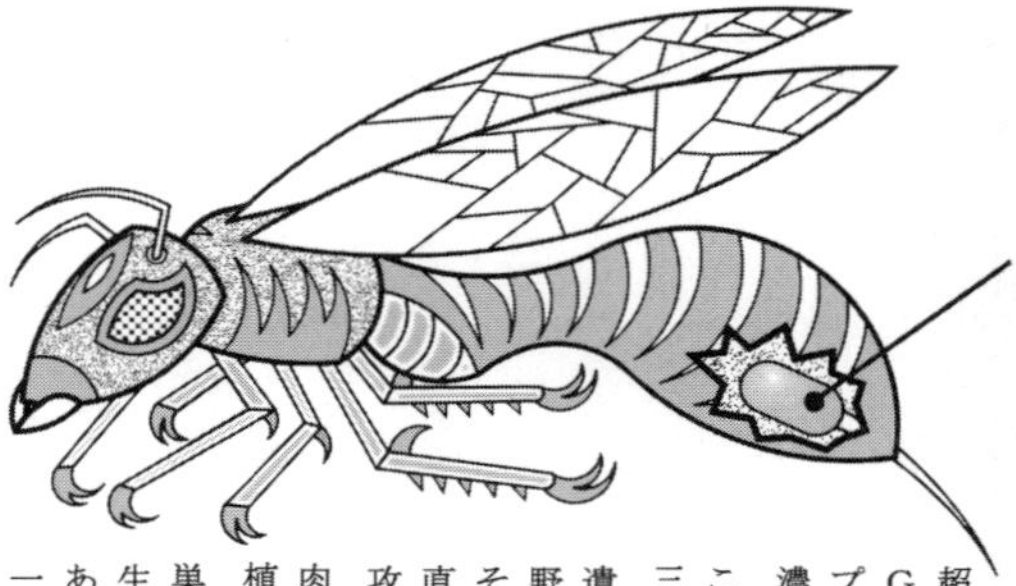

オオラ星の王者

超猛毒クマンバチ。
GT液は猛毒で
プラスチックを溶かすし、
濃塩酸で貴金属を溶かす。
これに刺されると動物は
三秒～一〇分で即死。
遺伝子操作で
野菜が大きくなり、
それを食って
直径一〇センチの大きさになり
攻撃的になった。
肉でも野菜でも食べるが
植物の蜜が好物。
巣を作って集団で
生活しているのが半分で、
あとの半分は
一～一〇匹の単独生活。
ゴキブリのように
大増殖した。

そうになっていて、ベリー星に脳細胞を増やす機械をカプセルに詰めてロケットで打ち上げたからなんです。そして、今回宇宙は無限であると分かりました」と応じる。茜ちゃん他が「またお隣の方って超美人の方ですね！」と言った時、五百メートル先から、こちらにライフル銃で狙っている者が見えたので、博士が「センス、銃を取れ！」と怒鳴った。そして、センスの手が伸びたと思ったら、銃をつかんで引き寄せて、博士に手渡した。ものの一秒もかかっていないので、周囲の人々は気がつかなかった。その銃を博士が持っているので記者達が「あれ！　先程まで銃を持っていなかったのに、いったいどうしたのですか？」と聞くや、博士がこちらに銃を向けていた者のやや三メートル高い所を狙って、銃を撃った。そして、廻りにいた警護班に、今日護衛の為にこちらに銃を向けるような警護がしてあったのですか？　と聞くと、「そんなことはしていない！」というので、狙撃犯人を捕まえるようにと指示を出した。博士もセンスには何度も驚かされていたが、一瞬のうちに自分が銃を手に持っていようとは思わなかったので、冷静な博士も心臓が高なっている自分に気がつきました。しかし、センスを見ると知らんふりをしていて、何事もなかったような態度をしていたのです。そして、博士ら一行は山田首相らとの挨拶が終わったので、都内のホテルに宿を取った。そして、センスに向かって「今日はほんとにありがとう！　おかげで助かったよ。しかし、一瞬のうちに自分が銃を握るようになっているとは思わなかったよ」と言うと、センスが「あなた達って手も伸びないのね」。博士が「人間は手を伸ばしたってこれだけさ」と言って手を伸ばして見せた。するとセンスは頭を傾げてケタケタ笑ってみせた。そして、先程の出来事を警視総監だけに分かってもらおうと思って、ホテルに来てもらうように電話を入れた。しばらくするとホテルのチャイムが鳴って、博士の真麻(まあ)夫人が玄関に出て「どちらさんですか?」と聞く。警視総監が「吉野です！」。真麻夫人が「どうぞお入り下さい」と言うと、夫人とドアの前に立っているSPに軽く礼をしてから、中に入った。博士が「いや！　忙しいところを呼び出してすまん。どうしても、吉野だけには話しておかなければと思って、無理を言ったんだ。センスちょっとこちらへ来てくれないか！　こちらは警視総監の吉野初というんだ」と言うと、警視総監が「吉野です。どうぞよろしく」と挨拶する。博士が「こちらはクロチ星のセンスビーというんだ」とセンスを紹介すると、「センスです。どうぞよろしく」。「実は今日空港に着いたら、五百メートル先からこちらに向かってライフル銃で狙っている人物がいたので、とっさに、このセンスに向かって銃を取れと言ったんだ。そうしたら、もう僕の手もとにそのライフル銃があったので、その犯人の三メートル先を狙って撃ったんだよ」と博士。総監が「そんなことができるのか?」と言うや、博士が部屋に置いてあったライフル銃を握っているので、総監はびっくりして、センスの顔を見た。「センスは手がどれぐらい伸びるんだい」と博士が聞くと、センスは「試したことがないので分からないけど、あの塔を海に放り投げることぐらいなら簡単よ! 試してみようかしら?」。博士が「やめてくれ! そんなことは絶対にしてはいかん。たとえ冗談のつもりで言っても、このようなことは僕に確認してもらってからでないと困るんだ! 君の行動はすべて僕の責任なんだからね」と叱ると、真剣に喋る博士を見て総監は「今のは本当なのか? 信じられん」と言う。博士が「センス、総監がまだ信じられんと。じゃあ君が試してみようか? と言って実行されたら困るんだよ。だから、これは、やってもいいことかいけないことか、完全な判断ができるまでは僕の言うことだけにしてもらいたいのだよ」と言うと、「もう! だいぶ慣れてきたから大丈夫よ」とセンス。総監が「どうして、そんなことができるんだい」と聞くと、博士が「それは、僕達がベリー星から地球に向かって帰る時、ＢＨの引力で宇宙船マーチャン号がクロチ星に難着陸したんだけど、その時に、このセンスが直径一キロメートルの大鷲になって助けてくれたのだよ。そして、話を聞いてみると、十億年前戦争で五十億人ぐらいが死んで、ＢＨだった物が死んだ霊魂で意識のある者に変わったのであって、ほんとに特殊なケースなんだよ」と答える。「なるほど! これは当分の間は、内密にしておかないといかんと分かったよ。センスさん! 十分地球のことを理解して下さい」と言って、総監は帰っていった。そして、センスが「私は今夜は伸夫君と寝るわ」と博士の耳元で囁いて、出て行った。びっくりしたのは伸夫君だったが、センスは貴美さんからもらった服を脱ぎ、このホテルで買った寝間着に着替えて、仲夫君の体の研究をしてから、ぐっすり眠った。

◎直径五十キロメートルの隕石が地球に直撃か？

仲夫君は宇宙で誰もが体験したことがないであろうことをしてしまったので、超複雑な気持ちになっていた。センスが「人間って、可笑しなことするのね。これからもお願いしていいかしら？」と聞き、仲夫君が「えっ！　ええ、君さえよかったら」と答えているところへ、ドアのチャイムが鳴ったので、ドアを開けてみると、博士が「センスに急用なんだ」と言うので、部屋に入ってもらった。「今警視総監から連絡があって、二週間後に直径五十キロメートルの巨大隕石がこの地球に九九％の確率で衝突するというんだ」と博士。センスが「衝突したらどうなるのよ」と聞くと、博士は「これだけの大きさの巨大隕石なら、地球が壊れてしまうかもしれないんだ」と言う。センスが「それは大変ね」と言うと、博士が「大変どころじゃないよ！　このことを報道しただけで、みんな大パニックだよ。いや！　あっちこっちで殺し合いになると思うんだ。いや！　精神異常を起こしたりするかもしれない。いや！　この僕自身も、気が動転しているんだよ」。センスが「それで、私にどうしろというのよ？」と聞くと、「だからその！　君の力で何とかならないかと思って」と博士。センスが「私がその巨大隕石を止めたら、博士が地球の人々に、私のことが分からないように！　と言っていたのに、バレてしまうんじゃないかしら」と心配すると、博士は「いや！　このことは……いや！　巨大隕石さえ地球にぶつからないようにしてもらえれば、君のことが分かってもいいから、何とかならないか？」。「それは、やってみないと分からないわよ。その巨大隕石とやらを地上で受け止めればいいんでしょ」とセンス。博士が「いや！　これは宇宙船マーチャン号を君が大鷲に変身して背中に乗せるようには、いかないんだ。とにかく大きさがまったく違うんだから」と言うと、「じゃ！　宇宙船でその巨大隕石の所まで連れてってよ」とセンス。博士が「その巨大隕石の近くに行ったらどうするんだい」と聞くと、「とにかく大きな扇子に変身して、風を送ってみるわ」とセンスが答える。「それはだめだよ。この地球上なら風が起こせるかもしれないけど、巨大隕石の場所は真空状態だから、風は起こせないのだよ」と博士が残念そうに言うと、センスは「あら！　そうなの！　クロチではよく台風と遊んでいたのよ」と答える。博士が驚いて「えっ！その遊んだというのはどういうふうに？」と聞くと、「そうね！　自分を風船みたいにして風に任せて吹かれるのよ！　とっても気持ち良いの。それに、台風の時の風の速さを百倍ぐらい早く回転させてやるのよ！」とセンス。博士が「ちょっと待ってくれ！　台風の風は直径千（キロメートル）にもなるんだよ」とびっくりして言うと、センスが「そうよ！　だから私が直径百（キロメートル）ぐらいの扇風機の羽根みたいになって、台風の中心で勢いよく回転するのよ。だけど、なんといっても大きな扇子になって風に向かって仰いで上げるのが一番面白いわよ。それで、私の名前をセンスとつけたのよ」と言うので、博士が「そうだったのか。しかし、驚きだね。君はそんなに大きくなれるのかい」。「だから宇宙船でスピードを出して、私だけが外に出て重量を増やして、巨大隕石にぶつかれば、巨大隕石が吹っ飛ぶと思うけど、今までそんな大きな物にぶつかった経験がないから、どうなるかは分からないわ」と言うセンスに、博士が「待ってくれ！　君が頑丈にできているのは今まで見てきたから分かっているけど、今回だけは目茶苦茶だよ！　そんなことをすれば、きっと君まで粉々になってしまうよ！」と反対する。「でも、このまま隕石が地球に衝突すれば、何十億もの人達が死ぬかもしれないんでしょ」とセンスが聞くと、「それはそうだけど、君も安全なままでやれる方法があったらお願いするんだけど、君が危険な目に遭うのが分かっていて君にお願いすることはできないよ」と苦渋の表情を浮かべる博士。「私はあなた達と知り合ってから、とっても楽しかったわ。私としてはもう決心したんだから、隕石のある所へ連れて行って下さい。それとも他に手立てはあるのですか？」とセンスがきっぱりと言うと、博士は「他の方法といえば、水爆を百個積んで行って爆発をさせ、巨大隕石の軌道を変えることが出来るかもしれないんだ。ただし、〇・〇一％の確率だけど……」と煮え切らない。「私なら五〇％の確率でくい止められると思うわ！今から行きましょう」とセンス。博士が「えっ！　今からだって」と言うと、そこへ、親友の吉野がやってきて、「何とかなりそうか？」と聞く。博士が「センスが自分の体を重くして隕石にぶつかってみるというので、それは危険すぎると言っていたんだ」というのを聞いた総監も「それは無茶だよ！　そんなことしたら命がいくつあっても足りないよ」と反対する。センスが「これは私の為でもあるのよ。もしもよ！　この地球に巨大隕石が衝突すれば、地球の人達が全員死ぬかもしれないんでしょ。そうしたら、クロチ星みたいに一人ぼっちになってしまうじゃない！　そんなのいやよ」と訴えると、総監が「君は死なないのかい？」と聞く。センスが「死というものが分からないわ。経験したことがないんだから！」と答えると、博士が「それは人間だって同じだよ。死んだ後はどうなるかっていう疑問への答えは世界中の人が全員納得できるものとしては今のところないのだし、誰かが言ったことが一〇〇％真実だとも言いがたいんだよ。あの世の場所がテレビでも見られるようになれば、かなり真実に近づくと思うよ。僕の考えからすると無になると思うんだ。ただ、人間の心は弱いから、何かにすがりたいと思うんだ。そして、自分を生んでくれた親やご先祖様を敬う心と、自然や他の人に感謝をする心構えがなくなると、人と人とが信用できなくなり、世が乱れ、金だけしか信用できなくなり、金儲けの為なら手段を選ばなくなったりするから、心の支えにしていると思うんだ。しかし、センスのことは僕にも分からないよ。たぶん！　衝突して大爆発をして、燃えつきることがセンスの死だと思うんだ。そして、僕の見方からすれば、センスが衝突して助かる確率は一％だね」と言うと、センスが「いいわ！　私はその一％にかけてみるわ！　早く連れてって！」とあくまで譲らない。博士が「ほんとに良いんだね？」と念を押すと、「何度言わせるのよ！」とセンス。「分かった。今から出かけよう」と博士は渋々受け入れ、総監も「よし！　俺も連れてってくれ」ということで、話がまとまった。

◎センスが巨大隕石に衝突して地球を救う

宇宙船マーチャン号が巨大隕石を目指して飛び立ったと思ったら、もう巨大隕石の二百キロメートル離れた所の廻りを回っていた。博士も総監も緊張しているのに、センスは平気な顔をしているので、総監が「センスさんは恐くないんですか？」と感心する。センスが「べつに何とも感じないけど」と言うと、博士が「センスには何度も助けられるね。ありがとう。もし万が一助かったら、僕の娘になってくれないか？」と聞く。センスは「そんなのいやよ！　今この場で娘だと言って」と頼む。博士が「分かった。センスは今から僕の娘だ」と言うと、センスは「ありがとう！　パパ、感激よ」と応じて二人は抱き合った。そして、総監とも抱き合って、最後かもしれない別れを告げてから、センスはマーチャン号から飛び下り、マーチャン号にしっかりつかまった。マーチャン号は隕石めがけてスピードを上げ、巨大隕石から五百万キロメートル離れた所で急停止した。センスは重量を増やし、自らの体を直径五十キロメートルの円球にして、巨大隕石に向かった。そして、正面衝突をして、大爆発したとたん、自分の重量を軽くして、直径十センチに収縮した。だから、センスは地球に向かって飛んで行く爆風に乗って、スピードが出ると体を重くして、地球の大気圏を過ぎてから鷲に変身し、博士の家の前でさらに子犬に変身して待っていると、みどりちゃんが出て来た。センスはみどりちゃんのそばに行ってじゃれついた。というのも、みどりちゃんが犬をほしがっているのを知っていたからだ。みどりが「ねえ、ママ。この犬飼っていいでしょう」と聞くと、真麻(まあ)が「その犬はどこにいたのよ」と聞く。「表にいたの。ねえ！　飼っていいでしょう」とみどりちゃんが聞くと、真麻が「どこの犬か分からないから、パパと相談してからにしてくれない？　それまでは、取りあえずその犬と遊んでいなさい」と言う。「じゃ！　名前はクリーにするわ。クリーおいで！」とみどりちゃんは言って、はしゃぎ回った。そこへ、博士と総監が帰って来たが、二人ともしんみりしていた。そこへ、みどりちゃんが「ねえ！　パパ！　この犬飼っていいでしょう」と頼み込む。博士が「えっ！　その犬はどうしたんだ？」と聞くと、「表にいたのよ。ねー飼ってもいいでしょう」。「とにかく、お前にも話したいことがあるから来なさい」と博士は言って、部屋へ呼び、部屋へ入るなり、奥さんが「ねえ！　パパ！　今テレビでやってるんだけど、巨大隕石があと二週間のうちに、この地球に衝突するところだったんだって言ってたわ」と興奮して言う。博士が「そのことで山田総理に警視総監と一緒に報告に行ってきたんだよ。しかし総理にもなかなか信じてもらえなかった。そうしたら、夕日新聞の茜記者が来て、『昨日五百メートル先から確かにライフル銃でこちらに狙いをつけていたのに、博士が指を差してセンス、銃を取れと言ったら、博士がもう銃を握っていたのはどういうことだったのですか?』と聞くので、『そのセンスと警視総監と一緒にマーチャン号に乗って、巨大隕石の近くで下ろした後、センスが大きくなって巨大隕石にぶつかって、大爆発をして、地球の直撃を止めてくれたんだよ。ライフルの時も手を五百メートルばかり伸ばし、銃を取ってから、腕を収縮させて、その銃を僕に握らせたんだ』と答えたんだ。そうしたら茜記者が『それで納得したわ！　犯人が銃を握っていたら、急に銃がなくなっていたと言ってたけど、警察官が〈そんなことがあるか?　どこへ隠したんだ〉としつこく聞いていたもの』と話したので、総理も納得して、『いったいそのセンスというのは何者なの?』と聞かれるので、『BHがたくさん死んだ魂の影響を受けて意識を持つようになり、引力や大きさや形を自由にコントロールできるようになったのです』と説明していて、遅くなったんだ」と長々と状況を説明すると、真麻が「テレビでは、場合によっては地球の人が全員死んでいたかもしれないなんて言ってたわ」と言う。博士が「そのことでみんなにも聞いてもらいたいのだけど、今テレビでやっていた巨大隕石の爆発はセンスがぶつかって行ったので爆発したんだよ。だからセンスはもう戻らないんだ」と残念そうに説明すると、真麻が「センスさんって巨大隕石を爆発させる程大きくなることが出来たんですか」と聞く。総監が「ああ、そうだよ！　僕はマーチャン号で巨大隕石にぶつかって行くところをこの目で見たから信じられるけど、そうでなかったらとても信じられないよ！」と言うと、博士が続けて、

「それからね！　僕は巨大隕石に衝突する前にセンスと約束したことがあるんだ」と言う。「何の約束をしたの？」と真麻が聞くと、「君が生きておれば僕らの娘になってくれ、と言ったら、今すぐ娘にしてというので、OKしたのだ。だから、僕らの家族としてセンスの葬儀を出すことにするよ」と博士は言って、センスの写真を持って来て、仏間に飾った。「みんな！　集まってくれ。今からセンスにお祈りするよ」と言うと、子犬が「センスがまだ生きていたらどうなるのよ」と言うので、辺りを見回した。声が聞こえた方を見ると、子犬が博士の腕に飛び乗って「パパ！　遅かったじゃない」と言うので、子犬を抱き締めるとセンスに戻っていった。博士が驚いて、「センスが巨大隕石とほとんど同じ大きさになって衝突したら、大爆発して、マーチャン号のそばまで真っ赤になった爆風が迫って来たので、もう、センスはバラバラになってしまったと思ったのだけど、どうして無事でおれたんだい？」と聞くと、「じゃ！　野球のボールと鉄の砲丸とを超スピードで衝突させたら、どうなると思いますか？」とセンスが逆に質問する。博士が「そら！　野球のボールだけがバラバラになるよ」と答えると、「それと同じよ！　私はたぶんお月さんぐらいの質量があるのよ。だから、直径三千四百七十六キロメートルの月が直径五十キロメートルに収縮して固くなった感じだもの、巨大隕石の方がバラバラになるのが当然よ。だから、衝突した時だって、余り衝撃はなかったわ。だから、爆発と同時に、私はあわてて体を小さく軽くして、地球に向かう爆風に乗って、地球に戻ったのよ」とセンス。「そうだったのか！　ほんとに良かった。ごほうびを上げたいのだけど何かほしいものはないかい？」と博士が聞くと、「そうね！　私は地球の人々がいつまでも生きていてもらいたいから、悪思考細胞消滅機の設計図をコピーしてくれない？」と頼むセンス。博士が「何に使うんだい」と聞くと、センスが答えて、「その機械を私の体で作って、私は鳩に変身して、世界中の大金持ちと権力者に近づくのよ！」

（完）

あとがき

今回、「宇宙」を創造しましたが、今後、世界の資源のことを考えますと、二十二世紀には石油資源は無くなると思いますので、太陽エネルギーや原子を特殊鋼に衝突させてエネルギーをとる方法、または、『炭素での核融合反応を研究し原子力発電後原油に戻す方法?』とか、もっと研究が必要でしょう。また、広大宇宙の星は無限にありますが、もし、その星から危険な生物を持ち帰ったとしたら、地球人がその生物に占領されても、けっして不思議ではありません。無限宇宙の星には、咳をすることで空気感染をするエイズウィルスのような微生物もたくさんおりましょうし、人間を好んで繁殖の場とするペスト菌の十倍ぐらいの強力なものもおりましょうし、その星でケシの実の匂いを嗅いだり、生のまま実を食べたり、茎や葉を乾燥させて食べるだけで、麻薬の十倍も天国気分になるものもありましょう。これが、寒い地方でも暖かい地方でも、胞子が飛んで行き、どんどん繁殖をするので、タダで手に入るし、その星全体に繁殖して匂いを放つので、動物も人間も本能のまま生きている星もありましょう。宇宙の星に行くのは人間の夢であり、人間に最適な星もたくさんありましょうが、地球の人口が増えたからといって、十億人が移動できるようになるとは考えられません。どれだけ科学が進歩するとしても、余りにも遠い所にあるので、それらの星まで行くことができません。となると、どうしても、地球の環境を守っていかなければなりません。日本は科学技術がずばぬけて進歩していますので、この地球の環境を重要視した生活環境に変えていくことが良いと思います。

プラスチックやビニールの廃棄物や炭素での核融合反応を研究し、原子力発電などに利用したら核融合反応後原油に戻す方法？　とかを研究し、成功すればエネルギー問題と地球環境問題が解決すると思うのですが、くれぐれも軍備には使わないで！

今の社会は、記憶力が優先され、創造力とか、洞察力が試験で試されないので、教わったことが間違いだと分かった時は、パニック状態になりやすいと思います。今の日本の経済は、これから先の情勢がつかみにくくなっています。あなたは、どのようにお考えでしょうか？　また、日本の景気が十三年ばかり悪化しておりますが、それは、日本のマスコミが騒ぎ、友人や知り合いが土地を買ったから僕も買おうとか、誰も買わないので自分も買わないとか、他人の行動に左右されやすいからではないでしょうか？　家を建てるにしても、米や野菜を作るにしても、土地が必要です。ですから、インフレが続き、土地の購買力が落ちて国の経済が行き詰まった時には**「調整区域や無指定の土地を日銀で百兆円印刷して、公示価格で市役所の固定資産課で買い、地価が上がり過ぎた時には地価を下げる意味で放出し、地価のバランスを取ったら良いと思うのですが！　ただし、この土地を売った人は銀行に預けるのに、その銀行の株を二割分買わなければならない。だから、通帳に株分一百万円と出て、その日の新聞の株の値段で引き出したい人は引き出す」**このようなことができれば良いと思ったのですが！　最後に、社会が複雑化しておりますが、日本があっての自由であり、地球があっての生物であるということを忘れないで欲しいと思います。

著者

〈著者略歴〉

佐野 正勝（さの まさかつ）

昭和20年5月23日生まれ。
有限会社下呂林業（郊外専門の不動産業）取締役。
仕事のかたわら、宇宙論の研究に取り組む。

◎連絡先
愛知県名古屋市瑞穂区下山町1-89

「素人の無限宇宙論」創造仮説

2003年5月15日　初版第1刷発行

著　者　　佐野 正勝
発行者　　瓜谷 綱延
発行所　　株式会社 文芸社
〒160-0022　東京都新宿区新宿1-10-1
電話　03-5369-3060（編集）
　　　03-5369-2299（販売）
振替　00190-8-728265

印刷所　　株式会社 エーヴィスシステムズ

ISBN 4-8355-5575-9 C0095